Karin Müller

Wie Hunde ihre Menschen spiegeln

Das Geheimnis glücklicher Hunde und ihrer Halter

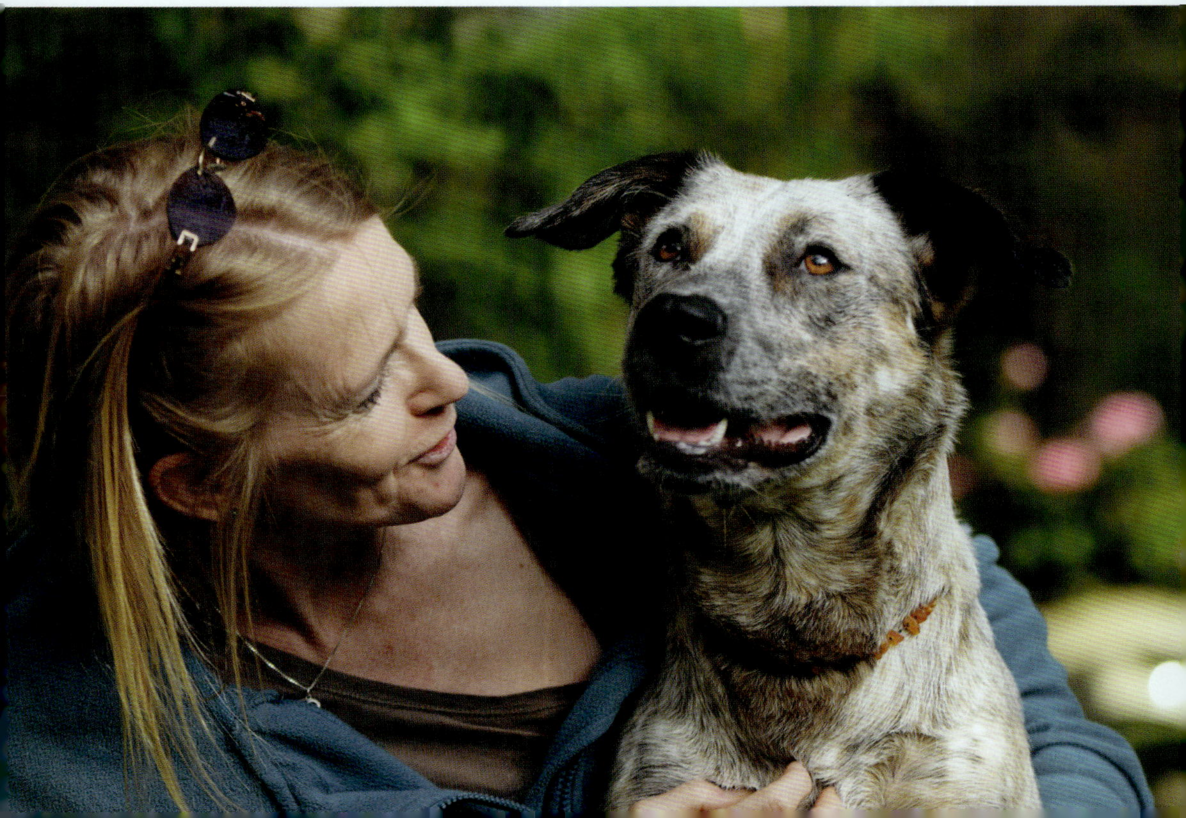

ISBN 978-3-936188-72-1

Lektorat: Susanne Artmann
Fotos: Catharina Cordes (S. 4 –13, 108, 129, 136),
Kathrin Ebmeier (S. 32, 116, 124), Heike Erdmann (S. 107, 127, 128, 132),
Uwe Janssen (S. 131), Adobe Stock, alamy Stock, iStockphoto
Satz & Layout: Annette Gevatter, Riegel a.K.
Druck: Druckerei FINIDR, s.r.o., Český Těšín, Tschechische Republik

Alle Rechte der deutschen Ausgabe:
animal learn Verlag, Am Anger 36, 83233 Bernau
E-Mail: animal.learn@t-online.de, www.animal-learn.de

Inhalt

Viele Menschen reden mit Tieren.

Aber nur wenige von ihnen hören zu.

Und das ist das Problem.

Benjamin Hoff, Tao Te Puh

Wenn Sie mich fragen: Ist mein Hund glücklich? Dann frage ich gern zurück: Sind Sie es? Von dem Moment an, in dem wir die Entscheidung treffen, einen Hund zu adoptieren – ganz egal, ob wir uns an der Wurfkiste über einen Welpen beugen, vor der Zwingertür im Tierheim stehen bleiben oder im Internet auf ein Hundefoto klicken – von diesem magischen Moment an, wenn wir vierbeinigen Familienzuwachs zu uns holen, übernehmen wir für ein ganzes Hundeleben lang die Verantwortung für sein Wohlergehen und sein Hundeglück.

Ist der Mensch gesund, freut sich der Hund – meine These und ich

Vor einer Suche empfiehlt es sich, jemanden zu fragen, wonach gesucht wird, bevor man es sucht.

A. A. Milne, Pu der Bär

Wir kaufen höhenverstellbare Futternäpfe, Geschirre mit lustigen Sprüchen und Liegekissen mit orthopädischem Memoryschaum. Wir absolvieren Welpenschule, Klickertraining, Agility und Mantrailing. Wir kaufen zig Bücher von allen Experten über die richtige Ernährung, Beschäftigung, Haltung und Erziehung. Wir verinnerlichen das alles und setzen es um, so gut wir eben können. Wir schauen sogar über den Tellerrand, lösen uns von althergebrachten Meinungen, schalten unseren eigenen Kopf, unser Herz und unser Bauchgehirn ein, hinterfragen gleichermaßen Bewährtes wie Modeer-

scheinungen, um zu prüfen: Passt das für mich und meinen Hund? Und doch treibt uns zumindest ab und zu noch immer die Frage um: Genügt das? Werde ich meinem Tier gerecht? Habe ich es gelüftet, das Geheimnis glücklicher Hunde?

Liegt der Schlüssel zum Hundeglück wirklich verborgen zwischen zwei Buchdeckeln, vergraben auf einem Hundeübungsplatz oder irgendwo im Wald? Sie schütteln wahrscheinlich gerade den Kopf, genau wie ich. Nein. So einfach ist es leider nicht. Nicht einmal in diesem Buch – dem natürlich ultimativsten aller Leitfäden zum Hundeglück – fällt Ihnen dieser Schlüssel einfach so aus den Seiten entgegen. Nicht ganz. Es ist viel besser. Der Schlüssel zum Hundeglück – zum individuellen Glück ***Ihres*** Hundes – steckt bereits, und zwar in ***Ihrem*** Herzen.

Er steckt! Das ist die erste gute Nachricht. Die zweite gute Nachricht: Den Schlüssel umdrehen und danach handeln, das können Sie ganz allein. Abnehmen kann Ihnen das niemand – und sollte es jemand behaupten, dann trauen Sie ihm nicht. Die dritte gute Nachricht: Wie Sie das machen, den Schlüssel umdrehen und die Tür weit öffnen, dabei kann Ihnen dieses Buch tatsächlich eine handfeste Hilfestellung geben – es zu lesen ist also ein guter Anfang. Das Gelesene danach umsetzen, das ist die Fortsetzung, es gibt

ein paar kleine Hausaufgaben und – das verspreche ich Ihnen – dann steht die Tür zum Hunde- und Halterglück wirklich sperrangelweit offen!

Was Sie dazu brauchen? Im Grunde ist es ganz einfach: Wir brauchen nur in den Spiegel schauen, den unsere Vierbeiner uns hinhalten.

Das Glück meines Hundes hängt von mir ab.

„Natürlich", werden Sie sagen: „Von dem, was ich füttere, wie ich ihn beschäftige ..." Ja, genau richtig. Und es geht noch weit darüber hinaus: Unsere Hunde spiegeln uns. Wie wir in den Wald hineinrufen, wie wir uns geben und verhalten, so schallt es zurück, denn Hunde nehmen unsere Emotionen auf, unsere Befindlichkeiten, egal ob bewusst oder unterbewusst – bis hin zu Krankheitssymptomen. Egal, wie gut wir uns unseren Mitmenschen gegenüber auch verstellen, unsere Hunde blicken hinter die Maske und reagieren auf das, was sie wahrnehmen. Also wo müssen wir ansetzen, wenn wir etwas ändern wollen? Was tun Sie, wenn Ihnen Ihr Spiegelbild nicht gefällt? Den Spiegel bemalen – oder etwas an sich verändern? Ahnen Sie, worauf ich hinaus will?

Was will und kann dieses Buch?

Bei Ihnen im Regal steht also wahrscheinlich bereits ein ansehnlicher Fundus an guten Hundebüchern, die Ihnen in vielen Bereichen weitergeholfen haben und wertvolle Impulsgeber sind. Vielleicht hat dieses hier sogar die Ehre, nach dem Lesen daneben eingereiht zu werden.

All diese Ratgeber haben Ihnen offenbar gut gedient, sonst wären sie schon längst im Altpapier oder einem Bücherschrank gelandet. Sie haben daraus gelernt und umgesetzt, was Ihnen für sich und Ihren Hund fruchtbar und stimmig erschien.

Themen wie Erziehung, Beschäftigung, Haltung oder dergleichen mehr werden wir daher nur am Rande streifen, weil sie eins gemeinsam haben: Sich von „Außen" mit dem „Außen" auseinanderzusetzen.

Und was ist in diesem Buch anders?

Mein Fachgebiet ist das „Innen": Der subjektive Blick, das Empfinden des Hundes – und dessen Wechselwirkung mit unserem eigenen „Innen" als so genanntem Tierbesitzer, als zweibeinigem Familienmitglied, Freund, Oberhaupt, Teampartner, Halter.

Hier geht es an keiner Stelle um eine richtige, womöglich sogar die einzig richtige Methode. Im Gegenteil. Methoden mag ich nicht, allein das Wort klingt mir zu starr und unverrückbar (zumindest werden Methoden oft so verwendet: genau nach Schema, ohne eigenverantwortlich über die Art und Weise des Gebrauchs nachzudenken).

Ich möchte Sie einladen, die Perspektive zu wechseln.

Wagen wir dazu doch gleich mal ein Experiment! Bitte betrachten Sie Ihren Hund einmal nicht aus Ihrer gewohnten Menschenperspektive und Sichtweise, mit dem Abstand, der naturgegeben unsere Spezien biologisch voneinander trennt. Sondern nehmen wir zusammen für ein paar Minuten diese „Menschenbrille" ab und schauen wir durch die Augen des Tieres auf unsere Welt:

Wenn ich mein Hund wäre – was würde ich brauchen, was mir wünschen, damit ich glücklich bin? Woran mangelt es?

Machen Sie sich gern ein paar Notizen! Schreiben Sie gleich hier einfach das Erste auf, was Ihnen dazu eben beim Lesen eingefallen ist.

Wir kommen später darauf zurück!

Hundetrainer bieten zig unterschiedliche Ansätze und Möglichkeiten, einen Hund zu erziehen, zu beschäftigen, zu trainieren – gute und weniger gute. Aber in einem Punkt sind sich alle Profis einig, egal ob sie aus dem Hundesport kommen oder der Verhaltenstherapie: Hundetraining ist Menschentraining. Kernaussage: Das eigentliche Problem des Tieres hängt vor allem am anderen Ende der Leine! Denn von uns ist das Tier abhängig, und in Abhängigkeit von uns wird es sich entwickeln. ***Wir*** geben ***immer*** die Richtung vor. Und zwar buchstäblich „in guten wie in schlechten Tagen".

Voraussetzung für's Hundeglück, für Gesundheit und ein langes Leben sind ganz sicher und zuallererst ein möglichst hundegerechtes Leben: gutes Futter, stabile Ordnung, Regeln, ideale Haltung, Beschäftigung für Kopf und Körper. Das alles hat unbedingte Berechtigung und sollte unserem Verantwortungsgefühl entsprechend oberste Priorität haben. Erstaunlicherweise aber begegne ich immer wieder Vierbeinern, bei denen diese Grundvoraussetzungen so gar nicht gegeben zu sein scheinen, und blicke trotz allerlei Entbehrungen in fröhlichere, ausgeglichenere Hundegesichter als dort, wo vordergründig alles stimmt. Wie kann das sein? Aber halt – ist es bei uns Menschen nicht genauso?

So häufig bekomme ich es mit tierischen Klienten zu tun, die unglücklich wirken oder hartnäckige körperliche Symptome entwickeln, gegen die kein Kraut und keine Therapie zu wirken scheint. Austherapiert, heißt es dann lapidar, sei es durch die Schulmedizin oder auch von alternativer Seite.

Doch der Schlüssel zu Gesundheit und Glück für unsere Vierbeiner (und uns selbst!) ist oft so banal und naheliegend, dass wir den Wald vor lauter Bäumen nicht sehen.

Ein erklärendes Wort noch zu meinem Beruf: Ich bin Heilpraktikerin für Psychotherapie und Tierdolmetscherin. Seit vielen Jahren arbeite ich in Einzelcoachings und Seminaren daran, Menschen zu helfen, ihren angeborenen sechsten Sinn wieder freizuschaufeln. Ich helfe ihnen dabei, ihrer Intuition und ihrem ureigenen telepathischen Vermögen wieder zu vertrauen. (Keine Angst, ganz egal, ob so etwas Nichtgreifbares wie Telepathie in Ihrem Weltbild einen Platz hat oder nicht – darum geht es hier nicht. Den ei-

genen Blickwinkel verlassen und aus der Perspektive des Tieres NEU HINSCHAUEN, das können wir alle!)

Wahrzunehmen, was Tiere denken, was sie fühlen und brauchen, weg von der Betriebsblindheit des Fachwissens, das ist keine seltene Begabung. Diese Empathie kann jeder und jede lernen oder vielmehr reaktivieren! Wir alle haben zudem Bauchgefühl. Vertrauen Sie auf Ihre Instinkte. Empathie bedeutet übersetzt ***Einfühlungsvermögen***. Vermögend nennt man jemanden, der reich ist. Die Fähigkeit, uns in ein Gegenüber einfühlen zu können – egal, wie viele Beine es hat –, macht uns in der Tat sehr reich, finde ich. Und: Das ist uns angeboren! Eine uralte Weisheit besagt, wer zu viel denkt, steht sich selbst im Weg. So geht uns das manchmal vielleicht in Hinblick auf unseren Hund. Wir haben jede Menge schlauer Dinge über unseren Vierbeiner abgespeichert – wissenschaftliche Erkenntnisse aus der Verhaltensforschung, Informationen von diversen Hundetrainern, Erziehungsratschläge von Promi A, Anweisungen zur idealen Haltung von Szeneguru B – und bei Problemen versuchen wir, dieses gesammelte Wissen zu nutzen. Wir grübeln, schlagen weitere Fakten nach, fragen Experten ..., aber leider laufen wir durch all unsere Überlegungen Gefahr, betriebsblind zu werden und uns zu sehr an Schema X oder Methode Y zu klammern.

Nicht selten vergessen wir darüber, dem gegenwärtigen Augenblick die nötige Beachtung zu schenken und unseren Hund wirklich wahrzunehmen, zu sehen, wie er ist, und zu fühlen, wie er sich gerade fühlt.

Benjamin Hoff schreibt in seinem Büchlein *Tao Te Puh*: „Versuch mal, etwas mit angespanntem Arm schnell und genau zu greifen, dann lass locker und versuch es noch einmal. Versuch mal, mit angestrengtem Geist etwas zu tun. Der sicherste Weg verspannt und ungeschickt zu werden und in Verwirrung zu geraten, ist der, seinen Verstand zu überanstrengen – zu viel zu denken. Die Tiere des Waldes denken nicht viel, sie sind einfach." Häufig bemühen wir uns also zu sehr mit dem Kopf. Dabei würde es uns und unserem Hund sehr guttun, wenn wir uns aus dem Denken, dem Wollen lösen. Lassen Sie öfter mal Ihren Bauch ran – und Ihr Herz. Denn nur damit sieht man ja bekanntlich wirklich gut.

Was würden wir an Hundes statt brauchen, um gesund und glücklich zu sein? Woran mangelt es? Was haben Sie vorhin spontan gedacht und aufgeschrieben?

Wenn es uns gelingt, genau hier unvoreingenommen hin zu spüren, dann erklären sich viele „Probleme" quasi ganz von allein. Dafür brauchen wir einzig Empathie und Ehrlichkeit – und ein bisschen Mut, überhaupt hinzuschauen – und anschließend tief durchzuatmen, zu überlegen und danach zu handeln: Raus aus der Komfortzone und Dinge ändern!

Im zweiten Teil dieses Buches möchte ich mit Ihnen in diese Richtung weitergehen. Wir wollen uns der Antwort auf die Frage stellen: Was kann ich zum Glück meines Hundes beitragen, indem ich an mir arbeite? Denn oft übernehmen Tiere Probleme stellvertretend für ihre Menschen: Sie entwickeln ähnliche Symptome oder Verhaltensweisen, halten uns einen Spiegel hin, fordern uns auf, uns mit uns selbst auseinanderzusetzen.

Fangen wir bitte an, unsere Tiere als Symptomträger und Helfer zu begreifen. Nicht immer, aber wahrscheinlich öfter, als Sie annehmen. Sie baden die Suppe aus, die wir ihnen eingebrockt haben, stellen sich zur Verfügung, werden unter Umständen sogar krank.

Eins ist mir vorab noch sehr wichtig: Dieses Buch ist ein Plädoyer für menschlichen und artgerechten, aber keinesfalls vermenschlichenden Umgang mit Hunden. Es gibt praktische Tipps, Fallbeispiele und Lösungsansätze. Aber es ersetzt weder Hundeschule noch Erziehungsratgeber, sondern bietet eine etwas andere Sichtweise darauf, warum der „blöde Köter" wieder nicht hört, der „arme Wuffi" schon wieder humpelt ... und wann das alles mit mir als Halter zu tun hat und wann nicht.

Zurück zur Eingangsfrage: Ist Ihr Hund glücklich?

Gegenfrage: Sind Sie es?

Und wenn nein, warum nicht?

Sind Sie bereit, etwas dazu beizutragen, damit sich etwas ändert?

Und was würde sich ändern für Sie und für Ihren Hund, wenn Sie glücklicher wären?!

Wollen wir uns damit ein wenig auseinandersetzen? Machen Sie sich gern Notizen! Ich freue mich auf unser gemeinsames Projekt!

Burgwedel im Sommer 2019 Karin Müller

Lebe glücklich, lebe froh
– wie geht's dem
Mops im Haferstroh?

Gesund – was heißt das eigentlich?

Laut Weltgesundheitsorganisation WHO ist Gesundheit *„ein Zustand des vollständigen körperlichen, geistigen und sozialen Wohlergehens und nicht nur das Fehlen von Krankheit oder Gebrechen."*

Ich finde diese Definition sehr interessant und stimmig. Für mich sind dieses Wohlergehen und unser Empfinden von Glück sehr eng miteinander verwandt, womöglich Zwillingsnaturen. Erster wichtiger Aspekt: Es geht um einen subjektiven Zustand, eine Wahrnehmung. Mancher Mensch im Rollstuhl empfindet sich womöglich gesünder und zufriedener als jemand, der gehen kann und gerade einen Schnupfen hat. Zweitens: Diese Formel lässt sich wunderbar nicht nur auf den Menschen, sondern auch auf das Tier anwenden.

WAS BRAUCHT DER MENSCH, UM GESUND ZU SEIN?

Ich weiß, dies ist ein Hundebuch – warum beschäftigen wir uns dann zuallererst mit dem Menschen? Nun, zunächst einmal wie schon angesprochen: Weil an jedem Leinenende einer dran hängt. Wenn wir schlecht gelaunt sind und deshalb an der Leine rucken, bekommt es der Hund zu spüren. Wortwörtlich – und im übertragenen Sinn. Zum zweiten kann ich anhand des Homo sapiens gut erklären, worauf ich später beim Hund hinaus will.

„Tja", sagte Pu, „was ich am liebsten tue ..." Und dann musste er innehalten und nachdenken. Denn obwohl Honigessen etwas sehr Gutes war, was man tun konnte, gab es doch einen Augenblick, kurz bevor man anfing den Honig zu essen, der noch besser war als das Essen, aber er wusste nicht, wie der hieß.

A. A. Milne, Pu der Bär

Auch und gerade für das Wohl des Tieres sind wir gefordert, gut für *uns selbst* zu sorgen. Da gibt es nämlich eine ganz vertrackte Wechselwirkung, auf die wir später näher eingehen werden. Weil der Hund uns so verbunden und treu ergeben ist, hängt sein Lebensglück gleich doppelt von unserem ab. Platt gesagt: Geht es uns nachhaltig schlecht, kann das unseren Vierbeiner regelrecht krank machen (muss aber nicht!). Auch dazu später mehr.

Was brauchen Sie also, um sich gesund und glücklich zu fühlen? Dies ist ein Mitmachbuch! Nehmen Sie sich einen Moment Zeit und notieren Sie bitte auf der nächsten Seite in der *linken Spalte* der Tabelle, was Ihnen guttut, was Sie brauchen, damit Sie sich wohl fühlen – und zwar körperlich, geistig und sozial.

Was mir guttut:	Was ich mir wünsche:

Im zweiten Schritt schreiben Sie bitte in die ***mittlere Spalte***, wovon Sie gern mehr hätten, was Ihnen fehlt, was in Ihrem Alltag zu kurz kommt – ganz konkret in greifbaren Beispielen, und auch wenn Sie darauf vielleicht scheinbar keinen Einfluss haben – von der kleinen Auszeit nach der Mittagspause mit Cappuccino bis zum Sechser im Lotto –, alles aufschreiben, was Sie sich wünschen.

Und ***ganz rechts*** – na, vielleicht ahnen Sie es schon –, da hinein kommt, was Ihnen jetzt schon auffällt. Nämlich was Sie selbst dazu beitragen können, also Ihre To-Do-Liste: Hausaufgaben für sich selbst! Zum Beispiel Lottoschein ausfüllen und abgeben, damit das mit dem Gewinn über-

Was ich tun kann – meine To-Do-Liste:

haupt eine Chance hat – oder Kaffee kochen, wenn Sie gern einen hätten.

Was sich hier höchstwahrscheinlich sofort zeigt, sind Schieflagen unserer Work-Life-Balance, wie sie so schön neudeutsch heißt. Je ausgewogener das Gleichgewicht zwischen unseren Pflichten und der Freizeit ist, je mehr Perspektive und Sinn wir in unserem Leben sehen – ob wir in unseren Aufgaben aufgehen oder ob unsere Arbeit uns erschlägt –, desto zufriedener und tatsächlich gesünder sind wir.

Dies alles immer vorausgesetzt, dass die breite Basis stimmt – unsere körperlichen Grundbedürfnisse: Nahrung, Schlaf, Wärme. Dazu kommen Sicherheit und soziales Umfeld und obendrauf ein paar Herausforderungen für Körper und Geist.

Interessanterweise spielt es dabei keine Rolle, wie andere dieselbe Situation bewerten. Es geht um das subjektive Erleben. **Entscheidend ist einzig, wie wir unsere Lage beurteilen.**

Für uns sind vielleicht Menschen, die in strohgedeckten Hütten ohne fließend Wasser und Strom leben, die Ärmsten der Armen – und gleichzeitig sehe ich in Slums wie im Urwald wesentlich mehr lachende Gesichter als in deutschen Fußgängerzonen. Irgendetwas Entscheidendes bleibt bei uns also offenbar auf der Strecke ...

Der US-amerikanische Psychologe Abraham Maslow (*1908, †1970) hat unsere Bedürfnisse und Motivationen in einer Pyramide veranschaulicht:

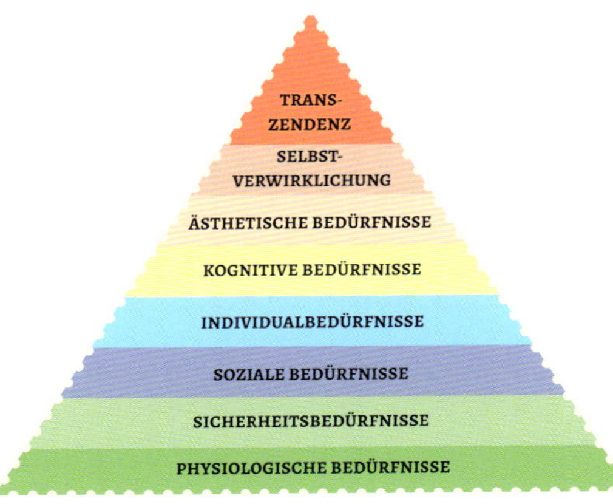

Zum Verständnis: Diese Pyramide ist kein starres Ding. Es steckt viel Arbeit darin, sie jeden Tag auf's Neue mit Leben zu füllen. Das sind unsere täglichen Hausaufgaben für ein zufriedenes Leben.

Und soll ich Ihnen etwas verraten? Unseren Hunden geht es genauso. Diese Bedürfnispyramide ist perfekt übertragbar. Einziger, aber entscheidender Unterschied: ***Unsere*** Abhängigkeiten sind hausgemacht – der Hund dagegen ist immer fremdbestimmt. Er ist, wie bereits erwähnt, ganz massiv und in allem von uns abhängig, vom Dose öffnen bis zum Waldspaziergang. Immer bestimmt der Mensch, bis hin zum Detail, wie lange der Hund wo schnuppern darf, wann, wo und wie lange er sich suhlen darf, geschweige denn, ob und mit wem sich womöglich paaren.

Eine Zeit lang traf ich mittags auf meiner Hunderunde einen wirklich beeindruckend erzogenen Jagdhund mit seinem Herrchen. Allerdings – ich sage es ganz offen –, mir blutete dabei regelmäßig das Herz. Denn es wirkte so, als ob Herrchen, wenn er es könnte, dem Tier – nennen wir es mal Biene – vielleicht sogar die Anzahl der Atemzüge pro Minute vorschreiben würde. Biene durfte tatsächlich gar nichts ohne Erlaubnis – und die erfolgte oft genug rein aus Prinzip nicht. Einfach weil der Mensch die Macht hat, musste der Hund sich flach auf den Boden pressen, solange bis die kommunikationsfreudigen Hundekumpel vorübergezogen waren. Biene blieb dann nichts mehr übrig, als traurig hinterherzublicken, bis Herrchen auch das streng unterband. Dabei ist Biene ein wirklich liebes Hundemädchen, freundlich, sozial verträglich – es gab also keinen ersichtlichen Grund, sie nicht auch mal ihresgleichen begrüßen oder mit ihr bekannten Hunden spielen zu lassen – außer: Herrchens Wille. Und der forderte unbedingten Gehorsam. Immer.

Und wehe wenn nicht ... Biene ist perfekt abgerichtet. Ich mag dieses Wort nicht: abgerichtet. Ich glaube, ich würde auch nicht mit dem Frauchen tauschen wollen, wenn es eines gibt.

Doch das nur nebenbei. Bienes Herrchen ist ganz bestimmt der festen Überzeugung, dass er hervorragend für seinen Hund sorgt – genau wie wir alle. Er liebt Biene – genau wie wir unseren Vierbeiner lieben. Und wissen Sie was? Vor kurzem habe ich die beiden nach längerem wieder getroffen: Biene durfte spielen und toben. Mir ging das Herz auf und wir sind ein Stück des Wegs gemeinsam gegangen.

Es gibt eine ganze Menge Ansprüche, die der beste Freund des Menschen an sein hundegerechtes Leben stellt – und damit an uns, diese zu erfüllen und wir sind alle nur Menschen und machen Fehler. Das gehört dazu. Wir können täglich dazulernen, neu hinschauen, anders bewerten, Dinge ändern, uns ändern, unser Zusammensein mit dem Hund optimieren.

Der Vollständigkeit halber und nur, um ganz sicher zu gehen, also als Nächstes ein Blick auf die Basis für den Hund.

WAS BRAUCHT DER HUND, UM GESUND ZU SEIN?

Fangen wir ganz von vorn an: Denken Sie kurz nach und schreiben Sie direkt hier darunter bitte so konkret wie möglich nach Ihrem heutigen Wissensstand auf: Was braucht Ihr Hund, damit er sich wohlfühlt, gesund ist und bleibt? Ich wünsche mir, dass Sie jetzt nicht Stereotypen herunter spulen. Natürlich hat Ihr Vierbeiner rassebedingte Anlagen. Aber nicht jeder Labrador ist eine Wasserratte, nicht alle Border Collies wollen hüten, nicht jeder Terrier ist von der Jagd besessen – zumindest nicht ausschließlich! Wir sollten die Bedürfnisse unserer Hunde nicht blind auf die ihrer Rasse reduzieren, auf das, was in schlauen Büchern steht oder von Trainern empfohlen wird, sondern immer darüber nachdenken, ob es für uns und unsere(n) Hund(e) passt! Bemühen Sie sich, der individuellen Eigenart Ihres Hundes, seiner ureigenen Persönlichkeit und seiner (und Ihrer!) Tagesform gerecht zu werden.

Hier ist der Platz für Ihre Gedanken. Machen Sie mit! Es lohnt sich!

Was braucht mein Hund?

Lebensfreude

Wenn Sie neugierig sind, vergleichen Sie hinterher gern Ihre Ergebnisse mit meinen – aber nicht vorher umblättern und spicken, einverstanden? (siehe Seite 22)

Was stellen Sie fest, wenn Sie nun Ihre Aufstellung mit der Ihres Vierbeiners vergleichen? Sind Sie überrascht? Die Ergebnisse sind ganz ähnlich, oder?

Zum Gesund- und Glücklichsein braucht es auch für einen Hund mehr als einen vollen Napf und eine bunte Decke (obgleich das sicher schon mal ein schöner Anfang ist). Diese Bedürfnispyramide vor allem im oberen Bereich mit Leben zu erfüllen, sie auf Ihren Alltag und das Zusammenleben mit Ihrem vierbeinigen Freund anzupassen, das bedeutet viel Arbeit und viel Zeit! Ich weiß. Und ich weiß, dass Sie das auch wissen.

Arbeit haben wir meist mehr, als uns lieb ist, Zeit umso weniger. Das ist das Dilemma der allermeisten Menschen, die ich kenne. Aber wir müssen nicht perfekt sein, schon gar nicht von Anfang an. Das wäre erstens langweilig, zweitens nicht mehr ausbaufähig und drittens komplett unrealistisch.

Bedenken wir allerdings eins: Eine Änderung, die für uns eine Kleinigkeit sein mag, ist vielleicht etwas ganz Großes für unseren Hund. Und vor allem ist es ein Anfang. Albert Schweitzer sagte einmal: *„Die größte Entscheidung deines Lebens liegt darin, dass du dein Leben ändern kannst, indem du deine Geisteshaltung änderst.“* Also raus aus der Komfortzone und frisch ans Werk!

Womit beginnen wir? Das Einzige, was wir brauchen, um das herauszufinden ist Einfühlungsvermögen. Und sofern wir nicht an einer schwerwiegenden behandlungsbedürftigen psychischen Störung leiden, ist uns das allen in die Wiege gelegt.

Du kannst nicht in Deiner Ecke des Waldes bleiben und erwarten, dass die anderen Dich besuchen.

Du musst auch manchmal zu ihnen gehen.

A. A. Milne, Pu der Bär

Dies ist die Bedürfnispyramide, die ich für unsere Hunde aufgestellt habe.

Angenommensein und Gesehenwerden als Wesen Hund, menschlicher Respekt vor der Schöpfung, treu sein dürfen und dafür geschätzt werden

Kognitiv: Lernen, Training, Aufgaben

Individuelle Bedürfnisse: Einfach mal Hund sein dürfen, frei entscheiden, sich ausleben und entfalten dürfen

Soziale Bedürfnisse: Kontakt und Gesellschaft der Bezugspersonen (mindestens zwei Drittel des Tages) und mit anderen Hunden, Triebbefriedigung, Geborgenheit, Liebe, Lob

Sicherheit: Kuscheliger Schlafplatz und Rückzugsmöglichkeiten, Routine und feste Tagesabläufe, Verlässlichkeit und Struktur im „Rudel", Regeln, Vertrauen, Schutz

Basis: Körperliche Grundbedürfnisse: Gutes (!) Futter, sauberes (!) Wasser, zwei Drittel des Tages für Schlaf und Ruhe, mindestens dreimal täglich die Gelegenheit raus und Gassi zu gehen, Pflege/medizinische Versorgung, angemessene Bewegung und Beschäftigung für Körper und Geist

Durch die Brille des Tieres schauen

Ach, wenn er doch reden könnte und mir sagen, was er sich wünscht, der Hund ... Nun, das kann er, und er macht es täglich – Sie haben nur bisher nicht zugehört. Nicht so zumindest, wie Sie es könnten, wenn Sie die eigene Brille einen Moment lang abnehmen würden. Versetzen Sie sich doch einfach mal in Ihren Hund! Das meine ich ganz wörtlich. Unser Blick ist verstellt durch die subjektive Menschenperspektive – das ist ganz logisch, denn aus welchen Augen sollten wir denn die Welt betrachten, wenn nicht aus unseren eigenen? Nur, dass wir auf diese Weise natürlich immer nur aus diesem einen Blickwinkel sehen, was geschieht. Aus immer demselben sogar. Ich schlage einen Perspektivwechsel vor. Das ist es, was uns weiterbringt, damit wir nicht betriebsblind werden.

Betrachten wir also die Welt mal zur Abwechslung aus der Perspektive unseres Hundes. Versetzen wir uns in ihn hinein. Haben Sie sich schon einmal überlegt, wie es sich anfühlen muss, wenn man ein Zwerg ist inmitten von Riesen? Stellen Sie sich vor, Sie wären 20, vielleicht 30 Zentimeter groß und müssten in einem engen, überfüllten Aufzug fahren – vollgestopft mit Kinderwagen, Aktentaschenträgern, Einkaufstütenschleppern,

Kindern mit tropfender Eiscreme in der Hand und einer besorgten Mutter, die Sie mit bösem Blick zu fixieren versucht. Der Rest der Mannschaft ignoriert Sie, um nicht zu sagen, übersieht Sie. Ständig laufen Sie Gefahr, dass jemand Sie anrempelt oder mit klobig beschuhten Riesenfüßen auf Ihre zarten Pfötchen tritt.

Diese Menschen sehen Sie wirklich nicht! Für die sind Sie unsichtbar! (Abgesehen von der besagten Helikopterübermutter, die Ihnen nicht ein einziges Tröpfchen Eis gönnt.) Dauernd bekommen Sie irgendwelche Knuffs von Tüten, Beinen oder Koffern. Dazu kommt ein Lärm- und Geruchspegel, der sich gewaschen hat und Ihre zarten Ohren und die feine Nase bis zur Schmerzgrenze überreizt – weil ***alle*** in dieser engen Box viel zu viel Aftershave und Parfüm benutzen. Die Fahrstuhlmusik dröhnt wie in einer Großraumdisco. Und als wäre das noch nicht genug – um den Hals tragen Sie einen Lederriemen, der Ihnen bei jeder (falschen) Bewegung schmerzhaft gegen die Kehle ruckt ... Horror, oder?!

Wenn Sie meinen, ich übertreibe, probieren Sie's mal aus: Fahren Sie Fahrstuhl und binden Sie sich mitten im Getümmel mal kurz beide Schnürsenkel neu, in der Hocke. Bleiben Sie 20 Sekunden unten. Ganz ehrlich, mir treibt es den Schweiß auf die Stirn, schon wenn ich nur daran denke.

Meine verstorbene Hündin Lillepuss habe ich immer für ihre stoische Gelassenheit bewundert. Eine Horde von zehn Mädchen konnte in unseren Windfang einfallen, in dem sie sich gerade für ein Nickerchen zusammengerollt hatte. Zwanzig Teenagerbeine, die auf fünf Quadratmetern die Schuhe wechselten, Ranzen abstellten, kichernd und schnatternd über und um den Hund herum kletterten – Lillepuss blieb tapfer liegen, bis es ihr irgendwann reichte. Dann nutzte sie eine Lücke im Gewusel und verschwand in die angrenzende Diele. Diese Möglichkeit haben unsere Vierbeiner aber nicht immer.

Im Alltag begegne ich Hunden, die am nächsten Laternenpfahl angebunden werden, damit Frauchen direkt daneben stehend bequemer quatschen kann und dabei nicht bemerkt, wie sich ihr Vierbeiner halb stranguliert vor Zerren, wenn ein potentieller Spielgefährte vorbeikommt. Ich habe von einem Fall gelesen, wo man bei der Autopsie eines Rüden nur zufällig bemerkte, dass sein ganzes Ohr mit einem Tacker malträtiert worden war. Dieser Hund war auf dem Fuße eingeschläfert worden, weil er das unbeaufsichtigt (mit dem Tacker) spielende Kleinkind (wohl in höchster Not) gekniffen hatte. Das beschämte Gefühl der Eltern kam zu spät. Mir wurde von zwei Afghanen berichtet, die in ihrem Leben noch nie den gepflasterten Hofbereich verlassen durften (außer zu Tierarztbesuchen), weil sie sich schmutzig machen könnten. Dagegen geht mir das Herz auf, wenn ich sehe, wie die Halter eines wuscheligen Rasse-Flokatis bei uns im Dorf sommers wie winters und bei jedem Wetter stundenlang gemeinsam durch Feld und Wald wuseln. Hinterher wird dann eben eine Stunde lang mit Engelsgeduld und ganz vorsichtig entklettet, gekämmt und zur Not auch gewaschen. Was die Afghanen wohl vorziehen würden?

Dann sind da all diejenigen, die ihre immer gleichen Gassirunden irgendwann gelangweilt zum Pflichtprogramm erhoben haben. Die einen schaffen es grade mal bis vor zur Ecke, damit der Haufen nicht auf dem eigenen Grundstück landet. Nicht alle haben eine Mülltüte dabei, sehr viel mehr allerdings ein Smartphone. Manche gehen mit Hund und Handy durchaus bis in die freie Feldmark. Andere radeln – der Hund meist leinen- und führungslos – 50 Meter vorneweg oder hintendran. Weil er nicht mitchatten oder voicemailen kann, beschäftigt er sich halt auf seine Weise. Manchmal bemerkt der Mensch das. Irgendwann.

Besonders „pfiffige“ Autofahrer haben ihren Hund zumindest im Rückspiegelblick, wenn sie ihn „sich endlich mal auspowern lassen“, bevor sie anhalten und das panische Tier zumindest für den Moment von der Angst befreien, ausgesetzt zu werden, indem es wieder in den Kofferraum springen darf. Ist das zynisch? Ja. Ist es. Ich gelobe Besserung.

ACHTSAMKEIT – MAL ANDERS SPAZIEREN GEHEN

Im Internet habe ich vor einiger Zeit einen Kurzfilm von Thomas Riepe gesehen, der mich erst zum Schmunzeln gebracht und dann sehr nachdenklich gestimmt hat: Ein Mann führt eine Frau bei einem Stadtspaziergang am Ellbogen herum – und behandelt sie genauso, wie manche Menschen mit einem Hund Gassi gehen. Sie sieht etwas Interessantes im Schaufenster, er zerrt sie weiter. Sie will nach links, er drängt sie nach rechts. Sie trifft eine Bekannte, er lässt keinen Kontakt zu. Einer seiner Freunde tätschelt die junge Frau am Kopf, ihr ist das sichtlich unangenehm – doch ihr Begleiter bemerkt das nicht einmal und rügt sie gar, als sie faucht. Sie muss stillstehen, sobald er das will, weitergehen, wenn er es fordert …

Probieren Sie mal mit einem Freund oder einer Freundin aus, was für eine enorme Aufmerksamkeit es seitens des Geführten fordert, auf die Signale desjenigen zu achten, der führt. Es ist anstrengend. Sie müssen voll bei der Sache sein – und dann kommt noch das mit der Abgrenzung dazu. Was ist mit Ihren eigenen Wünschen und Bedürfnissen – wie sehr müssen Sie die als Geführter hintenanstellen, damit es funktioniert? Und wie wohl fühlen Sie sich dabei?

Bei meinem nächsten Hundespaziergang habe ich die Probe auf's Exempel gemacht: Wie oft ziehe ich an der Leine, weil mir langweilig wird, mir das Schnuppern zu lange dauert? Wo verläuft meine ureigene Grenze zwischen Kommandieren und Lenken? Zwischen Gängeln und Führen? Wo beginnt mein Machtmissbrauch? Wie oft drücke ich meinen Willen auf, wo es gar nicht nötig ist? Aus Achtlosigkeit? Aus Frust? Aus Eile? Oder einfach: Weil ich der Mensch bin ... weil ich es kann ...

Wie lange bin ich mit meiner Aufmerksamkeit tatsächlich beim Tier? Während eines einfachen Spaziergangs, den ich ja *für den Hund unternehme!* Und wie viel Zeit auf den Tag hochgerechnet? Macht Sie das auch sehr nachdenklich?

Übung: Ich habe den Spieß umgedreht und mich bemüht, meinem Hund die Entscheidung zu überlassen, wie lange geschnuppert wird, wann wir weitergehen. Anstrengend! Ich musste mich ganz schön konzentrieren. Und ich habe festgestellt: Es erdet ganz wunderbar. Weil es so herrlich entschleunigt. Weil ich mit meiner Aufmerksamkeit ganz beim Tier bin. An diesem Tag haben wir uns gegenseitig etwas sehr Wertvolles geschenkt: **Achtsamkeit**. Ich kann diese kleine (Gedulds)-Übung nur empfehlen.

Was ich noch daraus gelernt habe: Nicht alles, was ich tue oder lasse, tue oder lasse ich zum oder wegen des Wohls meines Hundes. Ziemlich oft bin ich einfach nur die Bestimmerin, weil ich es so gewohnt bin – und nicht, weil es einen pädagogischen Zweck erfüllt. Ziemlich peinlich eigentlich, oder?! Wenn meine Tochter so einen Lehrer oder eine solche Lehrerin hätte, würde ich auf die Barrikaden gehen.

Bedenken Sie: Wir reden hier nicht vom notwendigen Grundgehorsam. Natürlich darf auch mein Hund mich nicht an der Leine herumzerren und hinter sich herschleifen, bloß weil ich ihm nicht

Der Hund bestimmt das Tempo und darf schnüffeln, solange er will.

Manche Kinder können sich sehr gut in Tiere hineinversetzen und deren Gefühle nachempfinden.

schnell genug bin, weil er da vorn irgendwo eine Krähe oder einen Artgenossen erspäht hat, oder weil es im Gebüsch ganz hinten so faszinierend riecht, dass er da sofort hin muss. Wir rennen keine alten Damen um, wir nehmen Rücksicht auf Kinder und auf Menschen, die Angst vor unserem wilden Temperament haben. Egal, ob sie joggen oder nicht. Das gehört sich so. Erziehung muss unbedingt sein. Aber: Ich gelobe mir und meinem Hund, mich öfter in ihn hineinzuversetzen, mich einzuspüren, zu fühlen, was er möchte. Zu hinterfragen, ob ich alles tue, was ich kann, damit er sich in meiner Gesellschaft, in unserer Beziehung, in unserer Mensch-Hund-Gemeinschaft wohlfühlt.

Das verstehe ich unter meiner Verantwortung für sein Hundeglück an meiner Seite. Vom ersten Moment an – bis zum allerletzten. Auf diese Weise hoffe ich ein klein wenig zurückzugeben für all die bedingungslose Treue, die er mir entgegenbringt. Gefällt Ihnen die Idee? Es ist gar nicht so schwer. Probieren Sie es einfach mit der folgenden Übung einmal aus. Es ist eine Art Zwei-Minuten-Check mit geschlossenen Augen. Diese Übung mache ich ab und zu mit Grundschulkindern, die sich für Tierschutz interessieren:

Stell Dir vor, Du wärst Dein Hund. Ehrlich, unvoreingenommen, Menschendenke aus. Wie nimmst Du Deine Umgebung wahr? Magst Du Dein Futter? Den Auslauf, die Wohnung, die Gesellschaft? Den Tagesablauf? Hast Du Spaß? Gibt es etwas, das Du vermisst? Ist etwas zu viel oder zu wenig vorhanden?

Wenn ich mein Hund wäre …

Die Antworten der Kinder bei diesem kleinen Experiment sind erstaunlich, weil sie unbefangen sind und direkt aus dem Bauch und dem Herzen kommen. Es sprudelt nur so: Der Fernseher ist viel zu laut für die Hundeohren, der Teppich stinkt nach Chemie. Er möchte mehr spielen, mehr raus, aber nicht zwischen so vielen Autos. Ihm ist sooo langweilig und der Bauch tut auch noch weh.

Das hat nichts mit Vermenschlichen zu tun, es geht einzig um ein ehrliches Sich-Hineinversetzen und dadurch auch Dinge zu hinterfragen, die wir routiniert tun, weil sie alle tun oder weil wir es schon immer so gemacht haben. Aber wenn ich für mich selbst auf gute Ernährung achte, warum schaue ich bei der Wahl des Hundefutters nicht auch auf das Kleingedruckte? (Oder umgekehrt!) Wenn für mich nur Homöopathie in Frage kommt – warum komme ich nach jedem Tierarztbesuch mit einem Antibiotikum nach Hause?

Schalten Sie den Kopf aus und fühlen Sie hin! Schalten Sie Ihr Bauchgefühl ein! Darum hier gleich noch eine Meditation, eine kleine Gedankenreise. Je öfter Sie diese machen, desto leichter wird sie Ihnen fallen. Tauchen Sie ein!

GEDANKENREISE: WENN ICH MEIN HUND WÄRE

Setz Dich bequem hin, mach es Dir gemütlich, lehn Dich an, wenn Du möchtest. Schließ die Augen und beobachte Dich selbst, wie Du regelmäßig und entspannt ein- und ausatmest. Geh mit jedem Atemzug mit Deiner Aufmerksamkeit mehr nach innen.

Nun stell Dir Deinen Hund vor.

Geh gedanklich ganz nah ran. Lade Deinen Hund ein, Deinen Körper zu benutzen, in Dich einzutauchen. Stell Dich ihm zur Verfügung.

So kann er durch Deine Augen sehen und Du durch seine. Ihr verschmelzt, Du fühlst Dich wie er. Du hast vier Pfoten, gute Ohren, eine hervorragende Nase. Wie ist es, Hund zu sein? Stell Dir vor, Du betrachtest die Welt aus seinen Augen. Nimm einfach nur wahr und schau Dich um. Bist Du drin oder draußen? Welche Tageszeit ist es? Was machst Du gerade? Hast Du Dich eingekuschelt? Wie fühlt sich Dein Schlafplatz an? Warm, kalt, weich, hart? Ist er genau richtig für Dich oder gibt es etwas, das zu verbessern wäre? Der Ort? Das Material?

Du bist Dein Hund. Löse Dich aus der Menschenperspektive, tauche ganz in die Wahrnehmungswelt des Hundes ein. Du übernimmst seine Perspektive. Gefällt Dir, was Du siehst? Fühlst Du Dich wohl in Deiner Umgebung? Was macht Dir Spaß? Woran hast Du Freude? Was macht Dir Angst? Was magst Du gar nicht? Sieh Dich um, spüre. Betrachte Deinen Futternapf, Deine Wasserschüssel. Bist Du hungrig oder satt? Schmeckt Dir, was man Dir vorsetzt? Ist es genug? Magst Du Dein Wasser? Ist es immer frisch? Wie fühlst Du Dich in Deinem Fell? Was für Einzelheiten fallen Dir auf? Tut Dir etwas weh? Zwickt es irgendwo?

Spür hin. Bewerte nicht, nimm einfach nur auf. Fühle! Sind die Tagesabläufe, die Dein Mensch Dir vorgibt, okay für Dich? Hast Du einen festen Platz in Deiner Familie – weißt Du, wo Du hingehörst? Hast Du genug Platz? Genug Abwechslung? Kennst Du Langeweile und wie gehst Du damit um? Wie sieht ein typischer Tag in Deinem

Hundeleben aus? Nimmt man sich Zeit für Dich? Sind Herrchen oder Frauchen in Gedanken bei Dir, wenn Ihr zusammen rausgeht? Kannst Du ihre Aufmerksamkeit wahrnehmen? Fühlst Du Dich geliebt? Verstanden? Hast Du genug Rückzugsmöglichkeiten? Oder ist es Dir zu laut? Hast Du genug Zeit zum Spielen, Toben, Schlafen? Aus Deiner Sicht? Aus Deiner Hundesicht!

Kannst Du Dich frei entfalten? Regelmäßig einfach Du sein? Hund sein? Oder bist Du manchmal überfordert? Womit? Was belastet Dich? Ganz spontan ... Hast Du eine Aufgabe? Gefällt sie Dir? Fühlst Du Dich wohl? Sieh Dich um. Sieh Dir Deine Wohnung an, Dein Revier, Deine Familie. Triffst Du auch vierbeinige Freunde? Wie ist das für Dich? Welche Möglichkeiten hast Du dann? Was geht Dir durch den Kopf, wenn Du Dich und Deine Menschen, Dein Hundeleben betrachtest? Nimm dir Zeit ...

Dann atme tief durch und löse Dich aus der Verbindung. Wenn sich der Zeitpunkt richtig anfühlt, spür wieder ganz bewusst Deinen Menschenkörper, Deine Beine, Deine Füße. Nimm Kontakt mit dem Boden auf. Atme tief durch und komm ganz zu Dir zurück. Atme ein paarmal tief durch und dann öffne die Augen.

Bestimmt gibt es noch das ein oder andere nachzutragen und zu ergänzen in der Auflistung von Seite 20 – nennen wir es Hausaufgaben. Aber keine Bange, Sie brauchen nicht zurückblättern. Dafür ist hier Platz:

Hausaufgaben: Was mein Hund sich wünscht und was ich dafür tun kann, dass es ihm noch besser geht bei mir.

Das ändere ich jetzt sofort:

Gemeinsam unterwegs

Das mache ich in absehbarer Zeit:

Darüber muss ich noch nachdenken:

Flüsse wissen, wohin sie fließen. Sie sagen sich: Es eilt nicht. Eines Tages kommen wir an.

A. A. Milne, Pu der Bär

Was läuft da schief?

Lassen Sie mich raten – Sie haben eine Schieflage entdeckt zwischen den Bedürfnissen Ihres Hundes und dem, was Ihr Alltag hergibt, richtig?

Oder liege ich falsch? Ist alles paletti? Und Sie waren ganz ehrlich vor sich selbst? Sie schauen Ihrem seelenverwandten Vierbeiner ganz tief in die treuen Hundeaugen und bleiben bei diesem Super-Resümee? Sie werden auch nicht rot, wenn Sie in den Spiegel sehen?

Na dann, herzlichen Glückwunsch! Sie sind ein ganz seltenes Exemplar. Ein glücklicher Mensch liest dieses Buch und sein mindestens ebenso glücklicher Hund liegt ihm vermutlich treu zu Füßen. Schreiben Sie mich an, geben Sie mir Ihre Tele-

fonnummer, damit ich von Ihnen lerne. Mir gelingt es nämlich nicht immer, diese Balance herzustellen. Ich arbeite dran. Täglich auf's Neue und mal mehr, mal weniger erfolgreich. Mein Hund hält zum Glück trotzdem zu mir – oder erst recht.

Das ist wohl das Leben. Dran bleiben, nicht verzagen, weiter machen – das lese ich dann im Hundeblick meiner vierbeinigen Gefährtin. Und manchmal auch Verwunderung darüber, dass wir Menschen immer so furchtbar schnell ins Grübeln, Hadern und Verzweifeln rutschen. Dieses „Stolpern, Hinfallen, Krönchenrichten, Weitergehen" – das können wir von unseren Hunden lernen wie von niemandem sonst. Wie wunderbar. Unsere Hunde stellen sich nicht andauernd infrage. Sie leben im Augenblick, im Hier und Jetzt – erklärtes Ziel fernöstlicher Betrachtungsweisen. Um das zu erreichen, müssen viele Menschen ziemlich lange meditieren ...

DARF MEIN HUND SICH ALLES VON MIR WÜNSCHEN?

Auf in die nächste Runde. „Hier steh ich nun, ich armer Tor, und bin so klug als wie zuvor." So ging es schon Goethes Faust und auch der ist an des Pudels Kern verzweifelt.

Müssen/ können wir unseren vierbeinigen Lebensabschnittsgefährten jeden Wunsch erfüllen? Nein, auf keinen Fall. Auch da ist es wie bei uns Menschen: Wird uns jeder Wunsch erfüllt, sind wir deswegen noch lange nicht glücklicher oder gesünder. Bitte nicht Wünsche und Bedürfnisse verwechseln! Wir sind keine Wunscherfüllungsmaschinen und sollen das auch gar nicht werden.

Aber genau hinzuschauen, das ist unsere Pflicht, und dabei bitte immer ehrlich zu uns selbst bleiben: Was kann ich tatsächlich nicht ändern – und wo steht mir stur und unbeweglich mein innerer Schweinehund im Weg?

Wo habe ich als Mensch womöglich zu menschlich gedacht, und mich – *bisher* – zu wenig in meinen Hund hineinversetzt, zu wenig auf das geachtet, was er tatsächlich braucht ... Vielleicht weiß ich auch schlicht – *noch* – zu wenig über seine Grenzen, seine Möglichkeiten und seine Wohlfühlzonen?

Ganz klar, wenn Waldi sich fünf Kilo Pansen wünscht, dürfen und müssen wir als Mensch Nein sagen. Natürlich darf er nicht unkontrolliert durch den Wald pesen oder jeden Fuchsbau erobern – der nächste könnte sein letzter sein. Ich habe eine Verantwortung als Mensch und Hundehalter. Ich habe den

größeren Vorderhirnlappen, in dem das logische Denken stattfindet – oder stattfinden sollte. Dem gesunden Menschenverstand bin ich ebenso verpflichtet wie dem Hundeglück und da lässt sich eine gute Balance finden.

Immer wieder begegnen mir in meiner Praxis aber Fälle, wo sich jemand so sehr selbst im Weg steht, dass es die Gesundheit von Mensch und Hund gefährdet. Da bemüht sich Frauchen/Herrchen, wirklich alles für den Hund zu tun: Es gibt das teuerste Hundefutter, sie/er besucht zahllose Kurse. Die Fellnase hat den schicksten Korb von allen, bekommt Auslauf, Bespaßung, regelmäßige Tierarztchecks, sogar Massagen ... und trotzdem wird der Vierbeiner krank – psychisch oder physisch, zeigt irgendwelche Verhaltensauffälligkeiten. Der eine nagt sich das Fell von der Haut, ein anderer Klient liegt stumpf in der Ecke. Ein dritter nimmt jede rohe Kartoffel mit, die auf irgendeinem Acker liegt, jeden Katzendreck und jedes ausgespuckte Bonbon und kotzt sich infolgedessen zu Hause buchstäblich die Seele aus dem Leib, um es mal ebenso drastisch wie deutlich zu formulieren.

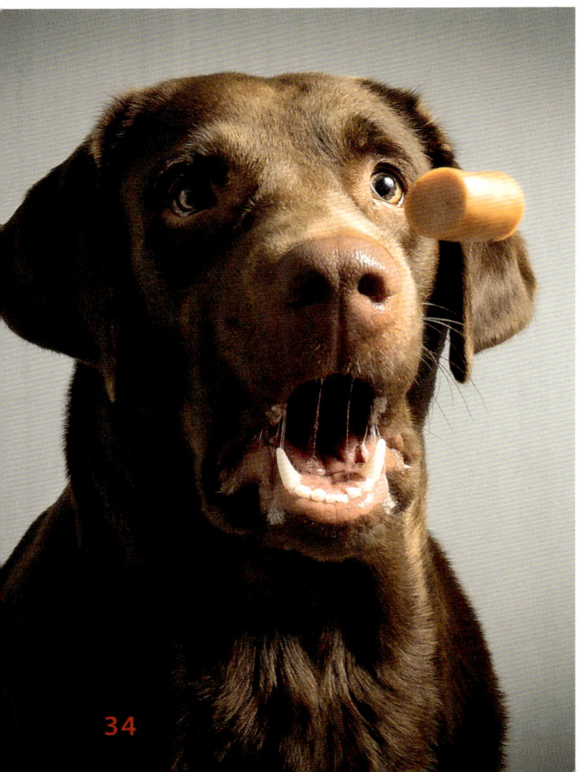

HUNDEGERECHTE FÜTTERUNG – NICHT JEDES FEHLVERHALTEN IST EINE UNART

Manchmal sehen wir den Wald vor lauter Bäumen nicht. Greifen wir das Beispiel auf: Der Hund frisst Müll, nimmt alles auf wie ein Staubsauger, klaut vom Tisch und sammelt in freier Natur alles ein, was nicht niet- und nagelfest ist.

Möglichkeit A: Es ist ein Labrador oder er fühlt sich wie einer – ihm ist das Fress-Gen angeboren. Scherz beiseite. Natürlich hängt vieles mit der Erziehung oder Geschichte des Tieres zusammen. Ein Straßenhund aus Südeuropa wird lange Zeit brauchen, sich umzustellen auf: „Du brauchst keine Angst mehr vor dem Verhungern zu haben – wir sorgen für Dich."

Mit Training und Belohnung kann man sehr viel erreichen. Aber was ist mit den Hunden, die trotz aller Liebe, Geduld

Leckeres Fr(Essen) ist wichtig für das Wohlbefinden unserer Hunde.

und Konsequenz einfach nicht von ihren schlechten Gewohnheiten lassen können? Stopp! *Schlechte Gewohnheiten?* Manchmal machen wir es uns allzu leicht mit einem solchen Urteil.

Irgendwo haben Menschen anscheinend so einen komischen Knopf eingebaut mit der automatischen Weiche: *Der tut das nur, um mich zu ärgern ... zu demütigen ... zu blamieren!* – Stellen Sie den doch bitte mal aus, diesen blöden Knopf. Denn kein Hund auf dieser Welt zeigt ein Verhalten uns gegenüber aus purer Niedertracht. Glauben Sie das ernsthaft? Ein Tier hat *immer* einen guten Grund für sein Verhalten. Und es liegt an uns, den herauszufinden.

Die naheliegendsten und doch am häufigsten übersehenen Ursachen sind tatsächlich Ernährungsdefizite. Ich weiß, Sie kaufen Ihrem Vierbeiner nur das Beste, Erlesenste, womöglich Teuerste und lieber essen Sie selbst trocken Brot, als dass ... Ich weiß. Erlauben Sie mir dennoch ein paar Nachfragen – und bitte ehrlich antworten:

- Bekommt Ihr Hund täglich dasselbe?
- Wie würden Sie sich fühlen, wenn man Ihnen jahrelang jeden Tag auf's Neue immer nur Ihr Leibgericht vorsetzt und nie etwas anderes zur Abwechslung?
- Ist das Futter tatsächlich so ausgewogen zusammengesetzt, dass es den unterschiedlichen Nährstoffbedarf Ihres Hundes auffängt, sommers wie winters, egal wie viel er sich bewegt?
- Ist wirklich alles drin? Nicht zu viel von dem einen Vitamin und zu wenig von einem anderen?

Vertrauen Sie nicht blind auf die Angaben des Herstellers, die Hochglanzwerbung oder den vom Futtermittelhersteller beeindruckten Tierarzt (der ist auch nur ein Mensch), sondern lesen Sie das Kleingedruckte bei den Inhaltsstoffen. Sicher wissen Sie längst, dass das, was an erster Stelle deklariert ist, auch am meisten drin ist. Wenn es Getreide ist: Finger weg. Ihr Hund ist nicht zum Körnerfresser geboren, auch wenn er – an-

In Trockenfutter lassen sich viele Inhaltsstoffe verstecken, die man seinem Hund lieber nicht füttern möchte.

ders als sein wölfischer Vorfahr – Pflanzennahrung und sogar Stärke wesentlich besser verstoffwechseln kann und vom Carnivoren fast schon zum Omnivoren wurde. Billige Füllstoffe lösen in vielen Fällen Allergien aus. Fleisch muss der Hauptbestandteil sein, keine Abfälle wie gefüllte Blasen, Urin, Kot, Gedärm, Federn und Schwartenreste, aber durchaus auch Knorpel oder Innereien. Dazu ein kleiner Anteil Gemüse, Kräuter und Öl – sonst bitte nichts. Keine Farbstoffe, keine Aromen, keine EG-Zusatzstoffe, keine Geschmacksverstärker oder synthetischen Vitamine.

Ihr Hund benötigt auch keine hippen, unglaublich wichtig klingenden Modezutaten. Und wussten Sie, dass die Aufschrift „ohne Zusatzstoffe" leider kein Garant für naturnahes Futter ist? Weil nämlich die in der Produktion verwendeten Grundsubstanzen bereits derlei Stoffe enthalten, aber im Endprodukt nicht mehr deklariert werden müssen.

Nächste Frage: Wenn man Sie vor die Wahl stellen würde, möchten Sie Ihr Lieblingsessen lieber frisch auf dem Teller oder gefriergetrocknet in handlichen Pellets mit einem Glas Wasser dazu? Wofür würden Sie sich entscheiden? Dann gönnen Sie das bitte auch Ihrem Hund! Die wenigsten Trockenfuttersorten auf dem Markt sind *keine* Mogelpackungen. In Pelletform lässt sich alles Mögliche pressen, dessen Ursprung man gar nicht wissen möchte. Und lassen Sie sich bitte nicht weismachen, das sei gut für die Zähne. Sie ernähren sich ja auch nicht von Zahnpflegekaugummi, sondern benutzen den nur ab und zu.

Lösen Sie doch mal Trockenfutter in Wasser auf. Irre, was das für einen Klumpen gibt. Und dieser Klumpen liegt dann in Fellnases Magen und muss irgendwie verstoffwechselt werden. Das ist für einen Fleischfresser alles, nur nicht artgerecht!

Nur als Gedankenanstoß: Auch wenn er sein Trockenfutter liebt – Kinder würden sich ebenfalls viel lieber von Süßigkeiten und Pommes ernähren als von Rohkost, Obst und Gemüse. Ausgewogen soll es sein, dann darf man auch mal über die Stränge schlagen. Hunde sind extrem anpassungsfähig. Als Begleiter des Menschen haben sie über die Jahrtausende sogar gelernt, mit Essensresten und Pizza klarzukommen – aber kein Hund sollte davon tatsächlich leben müssen. Wie man seine Tiere und sich selbst ernährt, ist natürlich nicht nur Geschmacks-, sondern auch Glaubenssache.

Bitte nicht falsch verstehen. Ich will Ihnen überhaupt nicht in Ihre Philosophie hineinreden: Barfen Sie, wenn Sie mögen und Ihr Hund es verträgt, kochen Sie selbst, füttern Sie Dose, Schale, Tüte – nur bitte wechseln Sie ab und schalten Sie Ihren gesunden Menschenverstand ein: Was fressen Kaniden in der Natur? Gibt die Dose einen ausreichenden Fleischanteil her (und der liegt bei mindestens 60 % und nicht bei 4 %), ist der Inhalt zucker- und chemiefrei? Wie sieht das Fell Ihres Hundes aus, wie die Zähne, wie ist seine Verdauung? (Übrigens: Hier geht es nicht um die größten Haufen – im Gegenteil: Riesenhaufen sprechen für viel überflüssigen, nicht verdaubaren Ballast – auch hier kommt billiges Füllmaterial der Futterindustrie zum Vorschein). Überprüfen Sie ab und an auch mal die Blutwerte auf hinreichende Versorgung mit Vitaminen und Spurenelementen.

Mir fällt auf, dass Hunde oft zyklusbedingt vor und nach dem Winter Kot und Erde fressen. Anscheinend holen sie sich da irgendetwas, was ihnen in der Nahrung zu Hause fehlt – und nochmal: sie tun es ganz bestimmt nicht, um Sie zu ärgern! Falls das nicht aufhören sollte, kann es krankhaft bedingt sein und sollte abgeklärt werden. Kotfressen kann bei-

Insbesondere Straßenhunde haben gelernt, mit Essensresten und Abfällen klarzukommen.

spielsweise auch ein Hinweis auf fehlende Mineralstoffe, auf Kokzidien (einzellige Parasiten, die gut behandelbar sind) oder Probleme der Bauchspeicheldrüse sein.

Wenn Sie aus persönlicher Überzeugung Ihren Hund unbedingt vegan ernähren wollen, dann liegt das in Ihrer Verantwortung. Ich kenne vegane Spitzensportler, vor Gesundheit strotzend und mit Muskelpaketen. Aber: Die achten minutiös auf ihre Ernährung und machen eine Wissenschaft aus der richtigen Nährstoffzusammensetzung, um nur ja keine Defizite zu haben. Das sollten Sie dann für Ihren Hund auch tun. Mit Fertiggerichten schafft das niemand! Daher wage ich zu bezweifeln, dass man sich rein durch Supermarktfertigprodukte so ausgewogen ernähren kann, dass man damit ohne Mangelerscheinungen und Zivilisationskrankheiten gesunde hundert Jahre alt wird. Ganz abgesehen von der Frage, welche Qualität wohl ein Ultrabilligfleischprodukt haben kann und welches Tierleid wir da gleich mit verfüttern ... und: Sie leben aus Ihrer Überzeugung heraus vegan und Ihr Organismus kann das. Ihr Hund dagegen würde immer Fleisch vorziehen. Darauf ist seine komplette Verdauung ausgelegt. Ihre nicht.

Der zweifellos höhere Preis für eine gute Ernährung rechnet sich langfristig: Er spart nämlich nicht nur Tierarztkosten, sondern bringt eine hohe Lebensqualität auch in einem Alter mit sich, das andere Hunde gar nicht erst erreichen – das sind zumindest meine Erfahrungen. Wie sind Ihre?

Gutes Futter, gesundes Altern

ARTGERECHTE HALTUNG VON HUND UND MENSCH

Egal, wie gut wir es machen, ich bin mir sicher, dass auch Sie während Ihrer Gedankenreise die eine oder andere Optimierungsmöglichkeit gefunden haben, als Sie die Welt bei sich zu Hause aus den Augen Ihrer Fellnase betrachtet haben.

Vermutlich hält niemand, den Sie kennen, eine dänische Dogge in der Einzimmerwohnung im elften Stock eines Hochhauses und lässt sie dort 13 Stunden am Tag allein, nur um sich dann zu wundern, wieso „das Vieh" schon wieder das Sofa zerlegt hat. (Und falls doch: Schenken Sie ihm dieses Buch!) Wir schleppen keine Chihuahuas in Designerhandtäschchen durch klimatisierte Boutiquen und kreischen los, weil es aus der Gucci oder Prada plötzlich tröpfelt und unangenehm riecht.

Selbstverständlich sind wir auch nicht die mit der ewig gleichen eintönigen Gassirunde, dem Handy am Ohr und der Musik in den Ohrstöpseln. Und niemand von uns lässt seinen Hund neben dem Auto her rennen, bis er nicht mehr kann, weil er angeblich Bewegung braucht ...

Wir halten unseren Hund also hundegerecht. *Wir* haben auch die richtige Haltung dem Hund gegenüber.

Aber halten wir uns selbst artgerecht?

Kennen Sie den Song von Roger Cicero „Das ist nicht artgerecht"? Halten Sie sich

Eine artgerechte Haltung ist das sicher nicht.

selbst so, wie es Ihrer und unserer Art gerecht wird? Was mich das angeht? Nichts. Warum ich das trotzdem gern wissen will? Nun meine Rolle für Sie ist in diesem Buch die der Dolmetscherin für Ihren Hund und den interessiert das brennend. Denn was immer Sie tun oder lassen und wie Sie sich dabei fühlen, macht etwas mit ihm. Er profitiert oder leidet unter den Auswirkungen – je nachdem: Je glücklicher und zufriedener Sie sind, desto besser geht es Ihrem Hund. In direkter Konsequenz.

Denn wenn alle körperlichen Ursachen für ein Problem Ihres Hundes ausgeschlossen sind: Ernährungsfehler, Allergien, Erziehungsdefizite, Bewegungsmangel ... kurz alles, was wir durch

unsere Gesundheitspyramide ausschließen können – dann bleibt ... die Resonanz. **Hunde gehen mit uns in Resonanz, in guten wie in schlechten Tagen.**

Dazu ein einprägsames Erlebnis meiner Bekannten Nadja aus der Schweiz:
„Meine zwei Hunde, mein Mann und ich, wir alle fühlten uns eingeengt in unserer viel zu kleinen Wohnung oben am Berg. Kein Keller, kein Dachboden – alles reingestopft auf zu wenige Quadratmeter ... Außerdem hatten wir im Winter oft Probleme, von der Arbeit aus dem Tal wieder nach Hause zu kommen oder morgens heil vom Berg herunter. Dann waren die Straßen kriminell glatt und schlecht vom Schnee befreit, so dass wir mit Angst unterwegs waren. Für mich wurde die Situation immer unerträglicher. Das merkten auch meine beiden Hunde. Mailo, unser Jack Russell, pinkelte regelmäßig in die Wohnung – für mich ein Zeichen, dass es ihn sprichwörtlich ‚anpisste' da zu wohnen, genau wie mich. Und Sonic verschlang sein Futter und bekam nie genug! Regelrechtes Frustfressen, das er häufig nicht richtig verdauen konnte. Ihm lag die Situation schwer im Magen. Lange waren wir verzweifelt auf der Suche nach einem Häuschen, aber irgendwie lief immer wieder alles schief. Nichts wollte klappen ... Irgendwann machte es bei mir 'klick' und ich habe losgelassen. Ich dachte mir: Wenn das alles nichts geworden ist, dann kommt bestimmt was noch Besseres. Und prompt: Nach circa anderthalb Jahren fanden wir endlich ein Häuschen für uns vier: ganz in der Nähe, traumhaft

gelegen, im Tal, mit Riesengarten, komplett umzäunt – einfach perfekt für uns!!!

Seit dem Tag, an dem wir im neuen Haus eingezogen sind, ist Mailo nur noch einmal eine Bescherung passiert – da war ich aber selbst schuld. Er kam mich nachts wecken, weil er raus musste und ich habe es nicht mitbekommen und weiter geschlafen ... das kann ja mal vorkommen.

Sonic genießt die viele Bewegung im Garten! Er hat gut abgenommen und ist seither auch nicht mehr so verfressen. Die beiden sind richtig aufgeblüht. Es ist wunderschön zu sehen, dass zwei elfjährige Hunde gleich um Jahre jünger werden durch einen Umzug! Da geht mir das Herz auf. Ich hoffe, dass wir unsere Lieblinge noch viele Jahre genießen können und sie gesund und glücklich alt werden."

Viele von uns strampeln weiter täglich in ihrem Hamsterrad und haben das Gefühl für die schönen Dinge des Lebens, für den Spaß und die Freude daran verloren. Wenn Sie selbst sich in einem solchen Zustand befinden, kann sich auch Ihr Hund nicht hundertprozentig wohlfühlen, denn dieser Energie kann er sich nicht entziehen. Erst wenn Sie es schaffen, den Teufelskreislauf für sich zu durchbrechen, kann und wird sich auch Ihr Umfeld positiv verändern.

Wollen Sie noch eine ganz berührende Geschichte lesen? Hier kommt sie:
Die Australian Shepherd Hündin Sunshine hat ihrem Frauchen das Leben gerettet – und das gleich mehrfach, aber bestimmt ganz anders, als Sie denken. Sunshines damals noch künftige Besitzerin erkrankte im Mai 2011 an der lebensbedrohlichen EHEC-Komplikation, dem HUS-Syndrom, lag vier Wochen auf der Intensivstation, bekam täglich Dialyse. Rückblickend sagt Sunshines Frauchen: *„Heute glaube ich, dass ich mich in einer unglücklichen Ehe enormem Stress ausgesetzt habe, ohne dass es mir selbst wirklich klar war. Deshalb war mein Immunsystem so anfällig und ich bekam diese Infektion in so stark ausgeprägter Form. Sie zu überstehen war, als wäre*

mir ein zweites, neues Leben geschenkt worden. Das wollte ich nutzen und Schritt für Schritt lernen, gut für mich zu sorgen. Dazu gehörte, dass ich meine alte Wohnung nicht mehr betrat, außer um für den Umzug einzupacken. Mir war darüber hinaus klar: Wenn ich wieder auf die Beine kommen will, brauche ich einen Hund. Ich dachte an einen alten Hund, vielleicht einen, den niemand mehr wollte. Doch in den ersten Tagen im Krankenhaus besuchte mich meine Freundin, eine Hundezüchterin, und brachte ein Ultraschallbild von ihrer tragenden Hündin Tina mit. Im Wurf kamen zwei Mädchen zur Welt. Eins behielt die Züchterin, das andere sollte mein Welpe werden, sobald ich wieder gesund war. Das gab mir Kraft. Als Sunshine geboren wurde, war ich noch enorm schwach. Aber allein das Wissen, dass heute mein erster ‚eigener' Hund geboren worden war, hat mich am fünften Tag in der Reha auf dem Belastungs-EKG zu Höchstleistungen gebracht. Ich konnte bis dahin kaum eine Treppenetage im Schneckentempo gehen. An dem Tag brachte ich es fertig, zwei Minuten lang 100 Watt zu halten, das habe ich danach monatelang nicht mehr erreicht. Stattdessen nahm ich schon durch kleinste Anstrengungen (Hockergymnastik) täglich ab, bis hinunter auf 53 kg. Ich konnte nicht genug essen, um den Kräfteverbrauch aufzufangen. Für alles hat die Kraft gefehlt, obwohl es mir recht gut ging. Ich denke, die meisten hätten nach so einem intensiven Einschnitt durch eine derartige Krankheit so schnell wie möglich wieder ihr altes Leben aufnehmen wollen. Doch ich hatte kein altes Leben mehr. Alles war weg, die Tür dahin hatte ich selbst zugeschlagen, die neue hatte sich erst einen Spaltbreit geöffnet. Vielleicht mag man es nicht verstehen, doch loslassen und einfach friedlich sterben war für mich ein paar Tage lang auf der Intensivstation auch eine willkommene Lösung. Möglicherweise hielt mich nur der Gedanke an die ‚meinen' Welpen tragende Hündin unter den Lebenden.

Und was hat der Babyhund getan? Sunshine kam mit einem normalen Geburtsgewicht von 240 Gramm auf die Welt. Doch dann nahm sie auf 200 Gramm ab und wollte einfach nicht wieder zunehmen. Die Talfahrt dauerte länger als eine Woche an, ihre Geschwister hatten sie längst überholt.

Bin ich glücklich?

Tina war eine erfahrene Mutter, die die kleinsten Welpen immer an die dicken Zitzen schubste. Doch Sunshine war mit Schlafen zufrieden und stellte das Trinken fast vollständig ein. Ich habe davon erst später erfahren, denn man wollte mich nicht beunruhigen. Die Situation war wohl hochdramatisch, und die Züchterin bestellte sogar spezielle Hundemilch als Zusatznahrung. Rätselhafterweise – erst zeitgleich, als ich wieder begann zuzunehmen, fing auch die kleine Sunshine wieder zu saugen an und ihr Gewicht stieg quasi parallel zu meinem.“

GEDANKENREISE: WIE SIEHT MICH MEIN HUND? BIN ICH GLÜCKLICH?

Du kennst das schon. Setz Dich bequem hin und schließ die Augen. Nimm ein paar tiefe Atemzüge und stell Dir vor, Du würdest einmal mehr aus der Hundeperspektive in die Welt schauen. Doch diesmal siehst Du Dich selbst mit dem Blick Deines Hundes an. Von außen quasi. Du als Hund betrachtest Dich, den Menschen – Deinen Teampartner, Deinen Gefährten, wenn Du so willst – Dich selbst aus Sicht Deines Hundes … **Wenn Dein Hund reden könnte, was würde er Dir raten für Dein Leben, so wie es jetzt gerade läuft?**

Schreib es auf – schreib alles auf, was Dir spontan aus Hundesicht dazu in den Sinn kommt. Ist Dein Mensch tatsächlich glücklich mit den äußeren Umständen seines Lebens? Fühlt Dein Mensch sich wohl in dieser Wohnung? Mit seinem Job? Füllt er ihn aus? Geht der Mensch fröhlich dorthin und kommt stressfrei nach Hause?

Wie sieht es aus mit seiner Freizeit? Seinem sozialen Umfeld – seiner Beziehung oder seinem Singlesein? Und ja, auch mit seiner Ernährung? Hat er genug Schlaf? Genug Ausgleich? Oder sind da zu viele Sorgen? Fühlt Dein Mensch sich gesund? Geliebt? Wohl in seiner Haut? Ist er zufrieden? Was hätte er, was hättest Du für ihn gerne anders? Und was kann Dein Mensch selbst dazu beitragen, dass es tatsächlich anders wird?

Lieber Mensch, was hättest Du gern anders in Deinem Leben? Was kannst Du dazu beitragen, dass Du zufriedener wirst?

Wenn Du genug Eindrücke, Informationen und Ideen gesammelt hast, geh mit Deiner Aufmerksamkeit zurück zu Deiner Atmung. Atme ein paarmal ganz bewusst tief ein und aus, komm wieder ganz in Deinem Körper und in diesem Raum an, wackle mit den Zehen, beweg die Finger und öffne die Augen.

Sie brauchen sich nicht zu schämen, wenn Sie sich jetzt erst einmal die Nase putzen müssen. Der Blick in den Spiegel, die ungeschminkte Wahrheit, das kann manchmal ein bisschen wehtun. Es ist berührend – und heilsam.

Damit Sie nicht vergessen, was Sie eben erfahren haben, finden Sie hier noch mal ein bisschen Raum für Notizen zu Ihren Erkenntnissen über sich selbst und die ein oder andere Lebens(not)lüge, die Sie vielleicht enttarnt haben. Dann gehen wir weiter mit dem nächsten Schritt:

Was ich erfahren habe:

____

____

____

____

____

____

____

____

____

____

____

DIE ANDEREN SIND SCHULD! WIRKLICH?

Wenn das alle machen würden!
Was sollen die Nachbarn sagen?
Aber das kann ich nun echt nicht ändern, das liegt ja nicht an mir …

Kommt Ihnen einer dieser Sätze vertraut vor? Manchmal haben wir das Gefühl, dass uns äußere Umstände gefangen halten. Doch das tun sie nicht. Es ist nur die fade Entschuldigung einer feigen Stimme in unserem Unterbewusstsein, die nicht möchte, dass wir uns aus unserer Komfortzone herausbewegen. Sie gehört unserem Ego. Das ist ein ganz verwöhnter, verweichlichter Knilch. Seine Lieblingsbeschäftigungen sind faule Ausreden erfinden und jammern. Das kann er hervorragend. Jammern ist einfacher als aufstehen und etwas verändern. Denn in dem Moment, in dem wir uns nicht länger zum Opfer der Umstände degradieren, müssen wir Verantwortung übernehmen – für unser Leben. Für jede unserer Handlungen. Für uns selbst. Denn alles, was wir tun – und lassen! – hat Konsequenzen. Im Zweifel die, dass es uns besser geht, auch wenn der Weg dahin nicht immer mit Rosenblättern und Hundekeksen bestreut ist.

Ich habe ein Buch mit dem Titel „Es ist nie zu spät, eine glückliche Kindheit zu haben" in meinem Seminarraum stehen. Meinen Besuchern sage ich immer: Wenn man den Titel verstanden hat, braucht man es eigentlich gar nicht mehr zu lesen. Nie werde ich das folgende Erlebnis mit einer Seminarteilnehmerin vergessen: Wir saßen in einem Kurs zusammen und ich leitete eine Meditation an. Es sollte darum gehen, überflüssigen Ballast abzuwerfen, zu entrümpeln, sich im Geist in der eigenen Wohnung umzusehen und auszusortieren, was sich überholt hatte – die Vase von der Schwiegermutter, die man sich nie selbst gekauft hätte, das Erbstück, das einfach nicht zum restlichen Stil passt, die Vorhänge, die in Studentenzeiten der letzte Schrei waren und alles Taschengeld aufgefressen haben, aber nach 20 Jahren reichlich zerschlissen sind ...

Die Teilnehmerin schlug die Augen auf und sagte: *„Du, in meiner Wohnung ist alles schön – aber in meiner Vorstellung saß auf dem Sofa mein Freund und ich dachte nur: Der stört."* Sie fuhr nach Hause, unbeirrbar und völlig ruhig, trennte sich – mit Schmerz und Ach und Weh und guten Gesprächen – und begegnete drei Monate später der Liebe ihres Lebens. Ihr damaliger Freund ist inzwischen übrigens auch glücklich verheiratet.

Ach ja – fast hätte ich's vergessen. Sie hatte zwar keinen Hund, aber Katzen. Und die hatten heftige Verdauungsprobleme, die man einfach nicht in den Griff bekam. Nach der Trennung jedoch war plötzlich alles hübsch im Katzenklo und drum herum. Zufall? Nein. Logische Konsequenz!

Ja, wenn das immer alles so einfach wäre ... Moment, wie war das nochmal mit Albert Schweitzer? Das wiederhole ich gern: *„Die größte Entscheidung Deines Lebens liegt darin, dass Du Dein Leben ändern kannst, indem Du Deine Geisteshaltung änderst."*

Es macht einen Riesenunterschied in meiner Lebensqualität, ob ich mich jeden Morgen schlecht gelaunt und unausgeschlafen an die Kasse im Supermarkt quäle, meine Zeit als Verkäuferin dort absitze und mich über jeden Kunden ärgere, der die Waren nicht scanbereit auf das Förderband legt. Der nächste braucht Ewigkeiten, um sein Geld rauszuzählen, hat die EC-Karte verbaselt oder kommt erst nach dem Einbongen mit Pfandquittung und Rabattkarte rüber. Als Kunde kann ich mich über solche Situationen natürlich genauso herrlich aufregen: All diese Idioten sind schuld daran, dass es mir mies geht. Wer sonst?

Mögliche Alternative: Schauplatz ist derselbe Supermarkt, dieselben Menschen stehen in der Schlange, die natürlich langsamer ist als die nebenan. Das nervt! Aber in dieser Variante der Geschichte erinnere ich mich daran, dass ich hier sitze, weil es am Monatsende Geld gibt, mit dem ich meine Rechnungen bezahlen und mir Träume erfüllen kann. Dass ich mir diesen Job ausgesucht habe, aus genau diesem und noch allerlei anderen Gründen. Okay, es gab nichts anderes und die haben mich nach der 43sten Bewerbung genommen. Ja und? Sie *haben* mich genommen! Ich *habe* einen Job, ich habe es warm. Ich wollte hierher kommen. Ich kann mir vielleicht nicht alles kaufen, was ich möchte, aber einen Teil. Und auf den Rest kann ich sparen. Vielleicht kann ich sogar zur Abendschule gehen und

Es hilft, seine derzeitige Situation als Chance statt als Schicksal zu betrachten.

meinen Abschluss nachholen oder Kurse besuchen, die mich interessieren. Und wenn ich lächle, stehen die Chancen gut, dass die anderen zurücklächeln. Wetten?

Das ist Resonanz. Es macht einen Unterschied. Es macht etwas mit mir. **Das, was ich ausstrahle, was ich aussende, kommt zu mir zurück.** Sage ich bewusst „Ja." zu einer Situation, geht es mir garantiert besser damit, als wenn ich mich in permanentem innerem Widerstand befinde. Der macht mich nämlich krank – nicht die äußeren Umstände. Die können nichts dafür. Es sind einfach nur Umstände. Was ich daraus mache, das ist es, was zählt. Also überlegen Sie sich bei allem, was Sie tun, warum Sie es tun. Und wenn Ihnen kein guter Grund einfällt – dann lassen Sie es sein oder hören Sie auf damit. Und bürden Sie sowas auch Ihrem Hund nicht auf. Da schließt sich nämlich der Kreis.

Der Dalai Lama hat einmal die Anekdote erzählt, wie er als Kind einen Mechaniker beobachtete, der gerade dabei war, ein Auto zu reparieren. Als er unter der Motorhaube auftauchte, stieß er sich den Kopf. Fluchend trat er nach dem Wagen, verletzte sich den Fuß und versetzte dem Auto noch einen Stoß, woraufhin ihm auch noch die Hand wehtat. Der Dalai Lama giggelte und kicherte und sagte in etwa: *„Er war so wütend auf den Wagen, dabei hat der wirklich gar nichts gemacht! Ich habe es genau gesehen."* Das nennen wir dann Projektion.

Aber zurück zum Hund: Manchmal machen wir – macht unsere Beziehung – unseren Hund tatsächlich krank. Lassen Sie es mich so ausdrücken: Eine Kette reißt immer am schwächsten Glied zuerst. Wenn die Kette für die Familie steht, werden zuerst Tiere und Kinder die Symptome dafür zeigen, dass irgendetwas oder irgendjemand unverhältnismäßig stark an dieser Kette oder einzelnen Gliedern zerrt. **Unsere Tiere sind die schwächsten Mitglieder in unserem Familiensystem. Manchmal haben ihre Auffälligkeiten oder Krankheiten viel weniger mit ihnen als vielmehr mit uns zu tun.**

Die Wurzel allen Übels, also die Ursache, hat letztlich immer denselben Namen: Stress. Wenn wir ausschließen können, dass der Hund Stress hat – dann haben wohl wir ihn. Und auch das kann unseren Hund stark beeinflussen. Stärker, als wir manchmal glauben.

Eine dazu wunderbar passende Anekdote aus ihrem Alltag als Tierärztin erzählte mir erst vorige Woche meine Freundin Anna:

„Der Tag begann wieder einmal super – ich hatte schlecht geschlafen, war mit dem falschen Bein aufgestanden und auf dem Weg zur Arbeit herrschte unerwartet so viel Verkehr, dass ich spät dran war. Entsprechend schlecht gelaunt kam ich in der Praxis an. Die Patienten stapelten sich schon im Wartezimmer und dann wurde mir auch noch ein Hausbesuch als Notfall zugeteilt, der meinen Terminplan komplett sprengte. Aber ein Hund hatte sich bereits mehrfach übergeben, also rein ins Auto und los, dem armen Tier musste schnellstens geholfen werden. Unterwegs ging der Stress weiter. Die Wegbeschreibung war schlecht, beinahe unmöglich, die richtige Hausnummer zu finden. Endlich fand ich sie und malte mir, während ich klingelte, alle möglichen Katastrophenszenarien aus. Aber falsch gedacht. Als die Tür sich öffnete, war der erste Satz der Halterin: ‚Gut, dass Sie da sind, das hat er schon seit zwei Tagen! Eigentlich geht es ihm gut, aber ich will ja nicht, dass es schlimmer wird!' In diesem Moment platzte mir innerlich der Kragen. Wie? Dem Tier ging es überhaupt nicht so furchtbar schlecht wie am Telefon behauptet? Ich hätte diesen Termin ganz in Ruhe einige Stunden später einschieben können?

In der Zwischenzeit bekam auch unser haariger Patient mit, dass Besuch ange-

Gelassenheit und Freundlichkeit entspannen die Situation.

kommen war. Bellend und knurrend sauste er auf mich zu. Frauchen reagierte verwirrt: ‚Der ist doch sonst nicht so?‘ Nein, der energiegeladene Hund hatte definitiv keine Lust, zur Untersuchung mit in die Küche zu kommen ... Während Frauchen mit Hundi Fangen um den Wohnzimmertisch spielte, beruhigte ich mich etwas und atmete tief durch. Der Ärger verflog und ich versetzte mich in die Lage des Hundes: Da kommt jemand Fremdes in sein Revier und scheint ausgesprochen sauer auf ihn zu sein – dabei hatte er ja gar nichts angestellt und konnte auch nichts für die ganzen Umstände! Stopp! Wir unterbrachen die Aktion kurz, setzten uns hin, und ich ließ mir nochmal gründlich den Vorbericht erzählen ... Jetzt kehrte merklich Ruhe ein. Alle Beteiligten entspannten sich etwas – und dann klappte es auch mit der Behandlung.“

Sehr leicht nachzuvollziehen, oder? Es gibt die verrücktesten Geschichten. An gleich mehrere erinnert sich die Hundehalterin Mena. *„Gleich nachdem wir unseren Picardwelpen Ami Soleil zu uns geholt hatten, fing es an: Ami war ganz intensiv mit uns, besonders mit mir, ‚verknüpft‘. Wenn ein Familienmitglied Bauchweh oder Durchfall hatte, zeigte er dieselben Symptome. Wie es unsere beiden Kinder als Babys getan hatten, schlief auch er schlecht, dreieinhalb Jahre lang, genau wie die Kinder. Er hatte immer schon Darmprobleme, genau wie unsere Tochter Rahel und Mühe, mit vielen Eindrücken auf einmal klarzukommen, wie unser Sohn Gabriel. Irgendwie spiegelte er die Babyzeit unserer Kinder. Ein besonderes Erlebnis war, als ich in Israel, weit weg von Ami, einen Unfall erlitt. An diesem Tag weigerte er sich in der Tierpension zu fressen. Einen Tag später fraß er wieder normal. Als wir ihn aber abholten, spürte ich ganz genau: Er wusste, dass ich verletzt war, obwohl äußerlich ja nichts erkennbar war. Er verhielt sich mir gegenüber beinahe fürsorglich. Obwohl er damals erst knapp ein Jahr alt war, benahm er sich plötzlich sehr ernst und gewissenhaft. So, wie ich mich in der Folgezeit im Leben bewegen musste, langsam und bedacht, bewegte er sich auch. Sobald es mir jedoch besser ging, kam der junge, verspielte Hund wieder zum Vorschein. Die Homöopathin hatte in dieser Zeit viel mit mir zu tun und behandelte auch Ami immer gleich mit. Sie fühlte auf energetischer Ebene ebenfalls diese Art der Verknüpfung.“*

Auch die Tierheilpraktikerin Nicole aus Süddeutschland kennt derlei Phänomene zur Genüge: *„Ich erlebe es so oft in meiner Praxis, wie die Tiere ihre Menschen spiegeln. Ganz häufig passiert es, dass ich einen Hund osteopathisch behandle und währenddessen dem Halter berichte, wo die größten Probleme sitzen. Dann antworten mir die Menschen ganz erstaunt: ‚Das sind auch meine Schwachstellen. Die lasse ich mir regelmäßig vom Osteopathen behandeln‘. Oder ich verordne homöopathische Globuli, die ich für das Tier am geeignetsten halte und der Tierhalter sagt: ‚Das ist ja seltsam, genau das Mittel nehme ich auch gerade‘.“*
Tja, Zufälle gibt es! Oder nicht?

Unter uns gesagt: Ich bin der festen Überzeugung, dass sie das können. Ja, Sie haben richtig gelesen: Symptome sprechen eine Sprache. Sie fragen sich, wie Sie sich das genau vorstellen sollen? Nun ja, für mich ist ein Symptom kein nerviger Störenfried, dem ich die Haustür vor der Nase zuschlagen sollte, sondern es ist ganz im Gegenteil ein wirklich guter Freund, der mir etwas mitteilen möchte, das mir weiterhilft. In den allermeisten Fällen ist seine Botschaft sehr konkret und manchmal sogar überlebenswichtig für mich. Ich muss nur genau hinhören

Wenn Symptome sprechen könnten ...

und sie zu übersetzen wissen. Krankheit kann manchmal ein Weg des Unterbewussten sein, mich aus einer misslichen Lage zu befreien. Mein Körper will mir damit etwas sagen. Meine Seele meist noch mehr. Wenn ich an der Vordertür nicht zuhören möchte, kommt das Symptom zur Hintertür wieder herein. Und wenn auch diese verschlossen bleibt, schlüpft es eben durch das offene Fenster. Zur Not schlägt es sogar eine Scheibe ein, damit ich endlich wach werde. So wichtig bin ich ihm. Wenn ich Magen-Darm-Probleme habe, finde ich vielleicht irgendetwas buchstäblich „zum Kotzen“. Wenn mich ein Schnupfen ereilt, kann es sein, dass ich von einer Sache gründlich „die Nase voll“ habe. Klar kann ich mich

Manche Menschen sorgen sich zu sehr. Ich glaube, man nennt das Liebe.

A. A. Milne, Pu der Bär

Zweisamkeit

Ständige Erkältungen sind häufig Symptome für tiefer gehende Probleme.

damit herausreden, dass gerade eine Erkältungswelle grassiert, aber warum hat es ausgerechnet mich erwischt und nicht den Kollegen, der viel häufiger angeniest wurde? Irgendetwas hat das Ganze wohl mit mir zu tun – und manchmal stellvertretend mit meinem Hund. Da habe ich mit Inbrunst alle Fenster und Türen verrammelt, damit auch ja kein Symptom mehr eindringt – doch es nützt nichts, denn mein Hund legt es mir voller Freude wie ein Stöckchen direkt vor die Füße. Tja, spätestens jetzt sollte ich wohl besser mal hinschauen ...

Resonanz – was ist das eigentlich?

Das Wort Resonanz kommt aus dem Lateinischen. „Resonare“ bedeutet so viel wie mitschwingen, mitklingen. Das kann man ziemlich anschaulich in der Musik beobachten. Wenn wir in einem Raum zwei Geigen oder andere Streichinstrumente haben, die exakt gleich gestimmt sind, und bei einem Instrument eine Saite so ins Schwingen bringen, dass beide Instrumente die gleiche Eigenfrequenz erreichen – dann tönt die zweite Geige mit der gleich gestimmten Saite mit. Sie kann sich gar nicht dagegen wehren und schwingt sogar noch weiter, wenn die ursprünglich gestrichene Saite gestoppt wird. Das ist Resonanz – reine Physik.

Resonanzschwingungen sind manchmal sogar gefürchtet: Hochspannungsleitungen können in heftigen Stürmen so stark schwingen, dass sie reißen. Soldatentrupps gehen nie im Gleichschritt über Brücken – diese könnten tatsächlich einstürzen, heißt es. Und dann sind da noch die Sopranistinnen, die bei bestimmten Frequenzen Gläser zum Zerspringen bringen.

Beim Schaukeln ist der Effekt dagegen gewollt: Wenn ich die richtige Schwungfrequenz habe, kann ich mich im Wortsinn immer höher hinaufschaukeln. Und sich gegenseitig höher schaukeln, auch im übertragenen Sinn – das geht natürlich ebenfalls.

Im esoterisch eingefärbten Sprachgebrauch wird Resonanz meist mit Anziehungskraft in einen Topf geworfen. Was dabei herauskommt, ist ungenaues Kauderwelsch. Denn diese Anziehungskraft ist in Wirklichkeit die alles entscheidende Steuerkraft, eine ganz wichtige Zutat in unserer Beziehungssuppe. Da wir Menschen keine Geigen sind – und unsere Hunde auch nicht –, werden wir die genannte Eigenfrequenz nicht ohne eine gewisse Affinität erreichen.

Affinität (im Lateinischen: affinitas = die Schwägerschaft) steht für Wesensverwandtschaft, Triebkraft, Anziehungskraft, Verbundenheit, Beziehung, Ähnlichkeit, Verbindung. Es ist ein Maß für die Bindungsstärke, für das Bestreben, Wechselwirkungen überhaupt einzugehen und zuzulassen. Wir gehen nicht mit irgendetwas oder irgendwem in Resonanz – weder Mensch noch Hund –, wenn wir keine entsprechende Affinität verspüren.

Manchmal, wie bei Pascal im folgenden Beispiel, ist das sogar zum Schmunzeln: Pascal hatte entzündungsbedingte Knieschmerzen am rechten Knie. Zeitgleich bekam sein Hund urplötzlich Probleme mit dem Knie hinten rechts. Er belastete das Bein nicht richtig. Diagnose: Ebenfalls Entzündung. Somit kamen beide, Mensch und Hund, in den Genuss von kühlen Quarkwickeln durch Frauchen – und bei beiden verschwanden die Symptome daraufhin auch gleichzeitig wieder.

Problem Nummer eins: Nicht immer ist uns diese Anziehungskraft, diese Affinität bewusst. (Ob sie bei Hunden mehr oder weniger gegeben ist als bei uns Menschen, halte ich für eine philosophische oder spirituelle Frage, die uns an dieser Stelle nicht wirklich weiterführt.)

Problem Nummer zwei: Nicht immer ziehen wir uns da etwas Schönes an Land, das wir auf der bewussten Ebene tatsächlich haben wollen – oder kontrollieren können.

Davon kann eine befreundete Tierheilpraktikerin ein Lied singen: *„Als ich mit dem Beruf anfing, war meine erste Lektion: Lerne, dich selbst zu schützen! Das ist gar nicht so einfach, aber überlebenswichtig. Wenn ich zu meinen Patienten eine Verbindung aufbaue, hinspüre und mich auf sie einlasse, kann es ganz schnell passieren, dass sie*

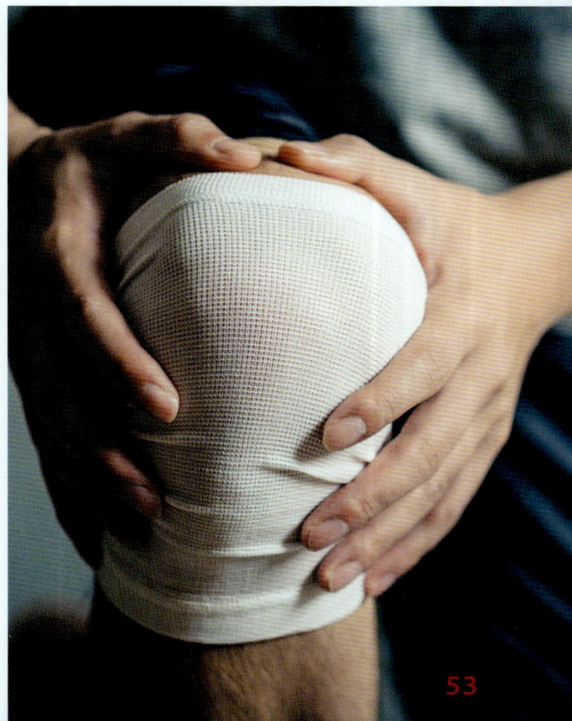

Zwillinge haben häufig die gleiche Krankheit zur gleichen Zeit.

ihren Ballast an mich abgeben (von meiner Seite aus ungewollt). So hatte ich eines Abends fürchterliche Kopfschmerzen. Ich habe sonst nie Kopfschmerzen! Ah, da war vor einer Stunde der süße Wauzi bei mir gewesen, der vom vielen Am-Halsband-gezogen-Werden (kleine Hunde werden häufig in alle Richtungen gezogen) so eine blockierte Halswirbelsäule bekommen hatte, dass er fürchterliche Kopfschmerzen hatte. Er war die Schmerzen nach der Behandlung los und ich hatte sie angenommen.

Ein anderes Mal war ich den ganzen Tag über wirklich gut gelaunt und dann überfiel mich schlagartig aus heiterem Himmel eine Traurigkeit – ein richtiger Psychoflash –, dass ich hätte heulen können. Aber warum? Ah, da war doch der arme Hund, der mich mit seinen treuen traurigen Augen angesehen hatte, weil sein Herrchen plötzlich gestorben war. Ich hatte ihm Globuli gegeben, um ihm den Schmerz zu erleichtern, der wirklich greifbar war. Tja, und nun saß ich da und weinte seine Tränen.

So etwas kann einem den Job ganz schön erschweren. Von den vielen schlaflosen Nächten ganz zu schweigen. Und da lernt man dann ganz schnell, sich den schützenden Mantel anzuziehen (Danke für diese Übung, Karin!), damit man den Tieren noch lange helfen kann und nicht irgendwann selbst vor die Hunde geht."

Ja, so ein Schutzmantel ist ungemein praktisch. Im Qigong, das sind ritualisierte Bewegungsabläufe, die immer mit einer symbolischen Vorstellung begleitet werden, gibt es eine Übung, die genau dazu dient. Wissenschaftler haben sogar festgestellt, dass der Hautwiderstand nach der Übung signifikant größer ist als vorher – man kann sich also offenbar tatsächlich ein „dickes Fell" anziehen. Man muss es nur tun!

Und wenn Sie gerade nicht wissen, wie Sie den entsprechenden Laden in der Winkelgasse finden sollen – mental kommen Sie ganz leicht dorthin. Hier ist eine weitere Möglichkeit, sich Schutz und Abgrenzung angedeihen zu lassen.

GEDANKENREISE:
SCHUTZMANTEL ANZIEHEN

Schließ die Augen und begib Dich auf eine kleine Reise durch die Kopfsteinpflastergassen eines alten Städtchens, in dem die Zeit vor einigen hundert Jahren stehen geblieben scheint. Du kommst an vielen beschaulichen Läden vorbei, mit Glasfenstern und Holzschildern über der Tür. Läden mit Stoffen, mit Kuchen und Brot, mit Gewürzen und Handwerk. Dein Ziel liegt am Ende der Kopfsteinpflastergasse. Es ist ein ganz besonderer Laden, am Ende der kleinen Straße, auf der linken Seite. Zwei ausgetretene Steinstufen und eine Holztür mit feinen Glasscheiben führen hinein. Dort bleibst Du stehen. Du klopfst an und drückst vorsichtig die Klinke herunter. Die Tür knarrt ein wenig, als Du sie öffnest. Ein Glöckchen klingelt und kündigt Dein Eintreten an. Es dauert einen Augenblick, bis Deine Augen sich an das Halbdunkel in dem Laden gewöhnt haben. Du bist der einzige Kunde. Alle Wände sind bis hoch an die Decke voll mit Regalen und Schubfächern, die überquellen vor Stoffen und Materialien. Hier gibt es Zauberwolle, die unsichtbar macht, und solche, die Kraft gibt. Hier gibt es Fäden aus Wasser des himmlischen Wasserfalls ebenso wie singende Holzknöpfe, fliegenden Draht aus Feenhaar und erdende Maschen aus Waldboden. Es gibt Stoffe aus reinem Licht genauso wie solche aus Feuer, Wasser, Metall, Holz oder Luft. Es gibt Knöpfe, die die Aura stärken und Reißverschlüsse aus Engelswünschen und Gebeten, Nähgarn aus Licht und bedingungsloser Liebe. Und an vielen Fächern steht nicht einmal angeschrieben, woraus die Magie des wundervollen Inhaltes besteht. Du bist hier, um Dir Deinen persönlichen Schutzmantel anfertigen zu lassen. In diesem Laden gibt es jedes Material, angereichert mit allen Eigenschaften und Fähigkeiten, die Du Dir vorstellen kannst und weit über Deine Vorstellungskraft hinaus.

Stöbere in aller Ruhe. Nimm Dir, was Du gerne hättest, wozu Dein Bauch oder Herz Dir raten, wo es Dich hinzieht. Sammle alles in einer der kleinen Holzkisten. Es passt erstaunlich viel hinein. Und es braucht Dich nicht kümmern, was logisch wäre, was zusammen passt, was machbar ist. Lass nicht den Verstand entscheiden. Alles geht – so viel Du willst und was Du willst.

Du brauchst es nicht einmal in Worte fassen, Du musst es nicht verstehen können. Dies ist ein Wunderladen und Du hast die freie Auswahl. Unbegrenzt. Und in Deiner kleinen Einkaufskiste ist auch unbegrenzt viel Platz, für alles, was Dir guttut.

Wenn Du alles beisammen hast, gehst Du in den kleinen Nebenraum. Dort brennt ein Feuer im Kamin und daneben sitzt eine alte Frau mit Stricknadeln in einem Schaukelstuhl. Sie lächelt Dich freundlich an und lädt Dich ein, Dich neben sie ans Feuer zu setzen. Ein kleines Kind nimmt Dir lachend Deine Einkaufskiste ab, dreht sich um und stellt die Kiste neben der alten Dame ab. All Deine Einkäufe sind zu einem einzigen Wollknäuel geworden. Das Kind fischt den Anfangsfaden aus Deiner Kiste und die alte Frau beginnt sogleich damit zu stricken. Ihre Nadeln klappern und das Feuer prasselt. Du schließt für einen Augenblick die Augen. Und als Du sie wieder öffnest, ist Dein Schutzmantel fertig. Du ziehst ihn gleich an.

Er ist einzigartig und er passt wie angegossen, wie eine zweite Haut, ohne zusätzliches Gewicht. Er wärmt Dich und gibt Dir Sicherheit, Kraft und Erdung, Liebe, Schutz, Frieden und himmlischen Segen und alles, was Du Dir noch hast hineinstricken lassen. Er hält ewig und er ist immer für Dich da. Er ist schon ein Teil von Dir geworden.

Zum Dank segnest Du die alte Frau und das Kind und all Dein Tun in diesem Mantel mit einem Lächeln und einer Verbeugung aus tiefstem Herzen. Dann verlässt Du den Laden in Deinem neuen Schutz, gehst die Gasse hinunter und verlässt diesen Ort. Du kommst langsam wieder ins Hier und Jetzt zurück.

Mein Schutzmantel

Ein bisschen Quantenphysik und das schöpferische Universum

Aus der Quantenphysik wissen wir, dass Realität nicht nur subjektiv ist, sondern durch unser Bewusstsein überhaupt erst entsteht, dass wir unsere Wirklichkeit prägen und gestalten, durch unsere Gedanken, unser Tun und Handeln – oder Nicht-Tun. **Energie folgt immer der Aufmerksamkeit – unserem Fokus.** Und ob der beispielsweise auf Krankheit oder Gesundheit liegt, macht einen himmelweiten Unterschied. Da geht es schon los.

Es geht um die physikalisch messbaren, nämlich elektromagnetischen Schwingungen unseres Gehirns und auch unseres Herzens. **Unterschätzen Sie nicht die Kraft Ihrer Gedanken und Ihrer Gefühle!** Unsere Gedanken sind in höchstem Maße schöpferisch und das zieht eine Kette nach sich: Gedanken prägen Worte, und aus Worten werden Taten ... Die Energie manifestiert sich immer weiter, schwingt immer stärker. Die Schaukel, erinnern Sie sich?

Alles ist Schwingung. Und soweit wir wissen, schwingen unsere Gefühle noch stärker als unser Denkapparat, sie gehen also intensiver in Resonanz. Wir spüren mehr, als wir mit dem Bewusstsein, mit dem Verstand je erfassen könnten. Ob noch ein Streit in der Luft liegt, ob wir einen Raum als friedlichen Ort empfinden, uns von einer angeheizten Stimmung mitreißen lassen ... schwingungsfähig sind wir auf ganz vielen Ebenen.

Nun noch ein ganz kleiner Ausflug in die Philosophiegeschichte: Im Kybalion (Verfasser unbekannt) werden sieben hermetische Prinzipien erklärt, nach denen unsere Welt womöglich funktioniert. Sicher ist dies nur ein Weltbild von vielen, aber ein sehr gelehrtes und im-

Häufig spüren wir mehr, als uns der Verstand erklären könnte.

merhin Grundlage und Kern so ziemlich aller Weltreligionen und dessen, was an spiritueller Literatur und quantenphysikalisch angehauchten Ratgebern auf dem Markt zu finden ist – also eine gute, nachdenkenswerte Diskussionsbasis für uns. Die hermetischen Schriften (auf denen das Kybalion basiert) sind selbst eine Art „best of" antiker Philosophie und Religion, mit Elementen altägyptischer, jüdischer und persisch-chaldäischer Glaubensrichtungen, dazu Lehren von Platon, den Stoikern und den alten Chinesen – durchaus gehaltvoll also. Diese Schriften wurden Hermes Trismegistos zugeschrieben, doch vermutlich hat dieser als Person nie existiert, sondern ist aus dem griechischen Gott Hermes und dem ägyptischen Thot synkretisiert worden. Schon Cicero ist diesem Fehlglauben aufgesessen – aber wer weiß schon, wie es sich wirklich verhält ... Das nur zum Hintergrund.

Am besten bilden Sie sich selbst eine Meinung vom Inhalt, was davon für Sie Sinn ergibt. Von dem einen oder anderen hermetischen Prinzip haben Sie garantiert schon einmal gehört.

Sieben Prinzipien, nach denen die Welt funktionieren könnte

1. **Das Prinzip der Geistigkeit:** „Das All ist Geist; das Universum ist geistig."

2. **Das Prinzip der Analogie** *(Entsprechung)*: „Wie oben, so unten; wie innen, so außen; wie der Geist, so der Körper". Die Verhältnisse im Universum (Makrokosmos) entsprechen nach dieser Theorie denen im Individuum (Mikrokosmos) – die äußeren Verhältnisse spiegeln sich im Menschen und umgekehrt. Veränderungen im mikrokosmischen Bereich wirken sich folglich auch auf die Gesamtheit aus.

3. **Das Prinzip der Polarität:** „Alles ist zweifach, alles ist polar; alles hat seine zwei Gegensätze; Gleich und Ungleich ist dasselbe. Gegensätze sind ihrer Natur nach identisch, nur in ihrer Ausprägung verschieden; Extreme begegnen einander; alle Wahrheiten sind nur Halb-Wahrheiten; alle Paradoxa können in Übereinstimmung gebracht werden."

4. **Das Prinzip der Schwingung:** „Nichts ruht; alles ist in Bewegung; alles schwingt."

5. **Das Prinzip des Rhythmus:** „Alles fließt – aus und ein; alles hat seine Gezeiten; alles hebt sich und fällt, der Schwung des Pendels äußert sich in allem; der Ausschlag des Pendels nach rechts ist das Maß für den Ausschlag nach links; Rhythmus gleicht aus."

6. **Das Prinzip der Kausalität** (Ursache und Wirkung)**:** „Jede Ursache hat ihre Wirkung; jedes Phänomen hat seine Ursache; alles geschieht gesetzmäßig; *Zufall* ist nur ein Begriff für ein unerkanntes Gesetz; es gibt viele Ebenen von Ursachen, aber nichts entgeht dem Gesetz."

7. **Das Prinzip des Geschlechts:** „Geschlecht ist in allem; alles trägt sein männliches und sein weibliches Prinzip in sich; Geschlecht offenbart sich auf allen Ebenen."

(Quelle: Wikipedia)

So. Wie kam ich darauf? Ach ja. Hunde und ihre Menschen. Also wir. Wir unterliegen natürlich auch solchen Gesetzmäßigkeiten. Ich nenne sie gern **Spiegelphänomene**. Der Hund hält uns nämlich förmlich den Spiegel hin. Wenn wir es wagen, hineinzuschauen, erkennen wir Erstaunliches – und finden das ein oder andere darin wieder, was schon die Hermetiker lehrten.

Viel zu selten machen wir uns bewusst, wie es uns tatsächlich geht. Wir haben es verinnerlicht, Masken zu tragen, Rollen zu erfüllen, uns anzupassen und zu verbiegen und auf die Frage „Wie geht es dir?" mit allem anderen als

der Wahrheit zu antworten. Wir sind oft nur wenig kongruent – überhaupt nicht in Übereinstimmung mit und ehrlich zu uns selbst. Zwischen dem, was wir denken, fühlen und sagen, klaffen oft weite Schluchten. Und das führt zu **Stress**. Stress ist immer der Anfang von allem Übel. Erwähnte ich das etwa bereits?

Wenn wir so gar nicht hinschauen können oder wollen, wird manchmal unser treuer Vierbeiner zum *Symptomträger* und Helfer. Er löffelt die Suppe aus, die wir ihm und uns eingebrockt haben, stellt sich als Spiegel zur Verfügung, wird womöglich sogar krank wegen all der Dinge, die uns nicht guttun, und die wir abtun, wegschieben, verdrängen – nur nicht hinschauen, bis ... ja, bis der Leidensdruck eben groß genug ist und wir doch hinschauen. Müssen. Zu ihm. Unserem leisen Freund, unserem Hund. Aber statt in blinden Aktionismus zu verfallen und rein auf der Symptomebene an ihm herumzudoktern, sollten wir die Chance be- und ergreifen und geklärten Blickes in den Spiegel sehen.

Bringen wir doch mal ein bisschen Ordnung rein.

Mein Spiegel

Es ist unterhaltsamer mit jemandem zu sprechen, der keine langen, schwierigen Wörter benutzt, sondern kurze, einfache Sätze wie zum Beispiel: Wie wär's mit Mittagessen?

A. A. Milne, Pu der Bär

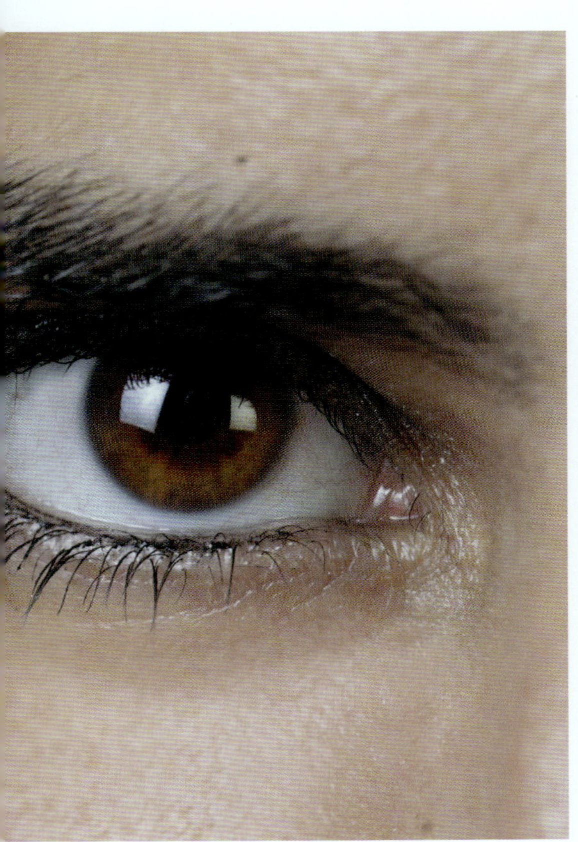

Spiegelphänomene

Oft übernehmen Tiere Probleme stellvertretend für ihre Halter, vom Zipperlein bis hin zu nicht bearbeiteten Traumata. Sie entwickeln an unserer Stelle körperliche Symptome oder warten mit Verhaltensweisen auf, die uns wie im Spiegel präsentiert werden, uns auffordern, uns mit uns selbst auseinanderzusetzen. Der hektische Mensch hat einen hektischen Hund, der unsichere Mensch hat einen ängstlichen Hund. Die kleine Spanielhündin ist überfordert damit, nach dem plötzlichen Tod des Ehemannes einziger Sozialpartner ihres Frauchens zu sein und reagiert mit Aggression ... aber es geht noch viel weiter.

DAS ERSTE SPIEGELPHÄNOMEN: ICH BIN EIN ABFÄRBENDER WALDRUFER

Eigentlich ist es ganz profan und einfach nachzuvollziehen: Wenn Sie ausgeglichen sind, gehen Sie auch entspannter mit Ihrem Hund um. Und wie man in den Wald hineinruft, so schallt es bekanntlich zurück. In der direkten Folge ist Ihr Hund also auch entspannter. Ganz gleich, ob wir Angst haben, wütend sind, gestresst – es färbt auf unser Umfeld ab –, das Umfeld geht in Resonanz mit uns. Unsere Hunde orientieren sich an uns, in guten wie in schlechten Tagen und viel weitreichender, als wir dachten. Das sind die ersten beiden Erkenntnisse. Die dritte folgt auf dem Fuß: Je enger die Beziehung, je größer also die Affinität, desto mehr und intensiver findet das statt.

So wie bei Melanie und ihrer Berger des Pyrénées-Hündin Amy, die in der Hundeschule eine Variante meiner kleinen Zen-Spazierübung machen sollten: *„Der Hundetrainer verlangte von uns als Gruppe, dass jeder Mensch seinem Hund 20 Minuten lang keine Kommandos gibt und ihn auf einem Spaziergang frei entscheiden lässt, wohin er gehen möchte, wie lange er schnuppern will und so weiter. Das fiel mir äußerst schwer, da ich es sehr gewohnt bin, meinen Vierbeiner ‚zuzutexten'. Amy aber orientierte sich immer wieder an mir und trottete gemächlich nebenher, keine Spur von Ziehen in eine Richtung oder so. Ich wunderte mich, bis ich realisierte, dass ich zwar nicht sprach, aber andauernd dachte: ‚Komm Amy, wir gehen da lang, komm jetzt weiter ...', und die Arme gehorchte ständig. Meinem Hundetrainer war das auch aufgefallen. Mental sprach ich ja doch mit ihr! Ich musste also auch das Denken abschalten. Das passte mir gar nicht und machte mich sehr unsicher. Sofort war der unsichere Hund in Amy erwacht und sie begann wie auf Knopfdruck an mir hochzuspringen. Sie erwartete irgendeinen Befehl. Das ist doch auch eine Spiegelung oder?"* Na klar! Wir sind eine Art Vorbild, dem unser Hund nachzuahmen bestrebt ist. Dem er gefallen möchte. Meistens jedenfalls.

In der Nachbarschaft meiner Schwester lebt eine Familie, die bis vor einiger Zeit einen alten Hund hatte. „Einen üblen Kläffer", war die einhellige Meinung. Er rannte geifernd am Gartenzaun auf und ab, sobald auf der gegenüberliegenden Straßenseite auch nur eine Regung zu verzeichnen war, egal ob von Mensch oder Maus. Als das Tier starb, kehrte Ruhe ein, die Nachbarn atmeten auf. Dann zog ein neuer Hund ein, nach angemessener Trauerzeit, ein ganz freundliches und liebes Tier. Man wähnte sich sicher im Viertel. Doch keine drei Monate später erlebten die Anwohner das gleiche Desaster, ebenso laut, ebenso wütend – der ruhige Hund war zu einem Berserker mutiert. Zufall? Nein. Eher nicht, nach allem, was wir bisher wissen, oder?

Antonia und Lilo sind noch so ein Paradebeispiel für Spiegelungen, findet Antonias Mutter: *„Lilo ist dieses Jahr bei uns eingezogen, das heißt eigentlich*

bei meiner erwachsenen Tochter Antonia. Meine Tochter ist jedoch oft über's Wochenende bei mir. Daher kann ich gut berichten. Lilo ist gerade mal ein halbes Jahr alt und bereits die kleine Seelenheilerin meiner Tochter ... Die beiden verbindet sehr viel und sie ähneln sich schon jetzt so sehr, dass ich manches Mal erschrocken bin. Wenn diese kleine Hündin mich so anschaut, schmilzt mein Herz. Man kann ihr schwerlich böse sein, wenn sie mal wieder etwas gemacht hat, worüber man sich wirklich ärgern könnte. Diesen Blick wissen beide gut anzuwenden, wenn es nötig ist. Wenn man ihre Nähe sucht, dann bitte nur, wenn klein Lilo oder auch Antonia das möchten. Ihre wirklich herzliche Art zeigt Lilo nur bei wenigen Menschen ... Auch Antonia zeigt ihr Herz nur kurz und verschließt es dann wieder. Sie lässt kaum jemanden an sich ran. Auch sind beide, Antonia und Lilo, regelrecht kleine Diven ... Sie wissen genau, wie sie bei den Menschen ankommen und spielen das auch gerne aus. Sie lassen sich nicht gerne etwas sagen und ziehen beide am liebsten ihr Ding durch. Sie sind voller Liebe zueinander und möchten helfen und Menschen verbinden. Aber am besten, ohne dass das jemand wahrnimmt, alles still und heimlich.“ Wie der Herr, so das Gescherr, sagt eine alte Redensart. Gleiches zieht Gleiches an. Magisch. Die klassische Analogie.

Hunde werden unglücklich, weil wir es sind. Solidarisch – oder weil wir es ihnen vorleben, dass man das eben so macht in unserer Familie – unglücklich sein.

Wenn wir leiden, leidet der Hund still mit. Wenn wir traurig sind, liegt der Hund stimmungsgedämpft in der Ecke. Er passt sich an. Oh Gott, immer? Nein, nicht immer, dazu kommen wir noch, versprochen. Nicht alles auf einmal.

DAS ZWEITE SPIEGELPHÄNOMEN: ICH TRAGE DAS FÜR DICH. ICH ÜBERNEHME ES, SO GUT ICH KANN.

Ein befreundeter Tierarzt erzählte mir von dem Fall zweier Schwestern, die mit dem dritten (!) krebskranken Hund zu ihm in die Praxis kamen. Auf die vorsichtige Frage, ob Krebs denn irgendeine besondere Rolle in der Umgebung/ Familie spiele, erzählten ihm die beiden, dass ihr Vater ein Osteosarkom an der Wirbelsäule habe, das wohl nicht mehr operabel sei und es dem Ende zu ginge. Auffällig war, dass sich alle Hunde (also jetzt auch dieser dritte) immer neben das Bett des Vaters legten und dort viel Zeit verbrachten, obwohl sie eigentlich gar nichts mit ihm zu tun hatten. Auf den Tierarzt wirkte es so, als ob die Tiere tatsächlich versuchten, dem Vater den Krebs abzunehmen, in diesem Fall ohne Erfolg …

In der Akupunkturpraxis einer anderen Tierärztin gab es den Fall eines Schäferhundes mit Hüftgelenksdysplasie. Nach ihrer Erfahrung ist dies eine Indikation, die der Akupunktur sehr gut zugänglich ist und nachhaltig behandelt werden kann. Dieser Patient kam aber in regelmäßigen Abständen wieder, die Therapie führte immer nur für eine begrenzte Zeit zu einer Verbesserung der Symptome. Auf näheres Nachfragen nach einigen Behandlungen berichtete der Halter, dass er selbst ebenfalls Hüftprobleme habe. Immer wenn der Hund behandelt wurde, ging es ihm schlechter. Mit zunehmender Zeit drehte es sich wieder (Hund schlechter, er selbst besser), bis er erneut zur Akupunktur mit dem Hund ging. Ihm wurde daraufhin sogar empfohlen, den Hund zu erlösen, wenn es ihm schlecht ging, um sich selbst von dem Leiden zu befreien. Schaurig, oder?

Das sind sicher Extremfälle, aber immer wieder kommt es vor, dass unsere Haustiere sich scheinbar an Symptomen beteiligen, sich bemühen, uns etwas abzunehmen, zu tragen … sich opfern, sogar auf Kosten der eigenen Gesundheit. Das hat auch Nicky erlebt: *„Luna spiegelt mich nicht nur in Persönlichkeit und Ausdruck, sondern auch was Krankheiten betrifft. Sie war immer ein sehr aufgeweckter, aber auch schon immer ein nachdenklicher Hund. Sie freute sich über fast jeden und war immer recht fit, so wie ich. Seit ein paar Jahren jedoch arbeite ich in einem Unternehmen, das mir wirklich nach und nach das Lachen und die offene Fröhlichkeit genommen hat … und viel Kraft raubt. Ich denke, dadurch bin ich, seit ich dort angestellt bin, recht schnell gealtert. Auch Luna ist in dieser Zeit so schnell alt geworden, dass es mir Angst und Sorge bereitete. Es traten bei ihr Stück für Stück Krankheitsanzeichen auf, die behandelt wurden, ohne dass es zu einer wirklichen Besserung führte. Das ließ mich aufmerksam werden. Denn die Symptome, die sie hatte, trafen irgendwie auch auf mich zu – so dass ich mich endlich dazu entschloss, zum Arzt zu gehen und ihm diese Symptome zu schildern.*

Er konnte mir schnell helfen. Erstaunlich finde ich, dass Luna wegen fast der gleichen Krankheiten therapiert wurde wie ich. Nach meiner Behandlung geht es uns beiden besser und ich danke meiner Luna von ganzem Herzen dafür, dass sie mich auf meine Situation aufmerksam gemacht hat. Ich achte seither sehr darauf, was meine Hunde mir zeigen wollen. Es ist sehr spannend und lehrreich."

DAS DRITTE SPIEGELPHÄNOMEN: AUSGLEICH – DER HUND ALS LOYALER UNWUCHT-JOKER

Wenn es uns gut geht, ist alles schön und in Balance. Wenn es uns aber nicht gut geht, wird sich mein Hund unter Umständen bemühen, das Gleichgewicht wiederherzustellen, auszugleichen, zu kompensieren. In unterschiedlichen Varianten, je nachdem, was für einen Charakter er hat und wie unsere Beziehung geartet ist. Eine Unwucht bringt es mit sich, dass ein Rad oder Reifen nicht rund läuft – und das versucht der Hund für uns auszubalancieren. Praktische Lebenshilfe auf vier Pfoten hat auch Andrea erlebt: *„Also, als Lotta in mein Leben kam, war ich nicht wirklich offen für andere Menschen. Ich bin immer erstmal davon ausgegangen, dass andere negativ über mich urteilen, schlecht über mich denken und reden. Unter anderem deshalb habe ich nur ungern andere ‚in mein Innerstes' blicken lassen. Körperliche Nähe, gerade auch zu Menschen, die ich nicht gut kannte, war für mich kaum auszuhalten. Laut meine Meinung zu sagen und auch dafür einzustehen, hatte ich komplett verlernt. Ja, und dann kam Lotta. Ein Hund, der von fremden Menschen und fremden Hunden nur Negatives erwartete und sich bei Kontaktaufnahme von deren Seite entweder sehr reserviert oder sogar ängstlich-aggressiv zeigte. Ein Hund mit einer riesigen Individualdistanz, der, wenn diese unterschritten wurde, massiv drohte oder sich der Situation entzog. Lotta war nicht sehr gesellig, hatte gleichzeitig aber Augen und Ohren überall und konnte kaum zur Ruhe kommen – genau wie ich.*

Wie sehr mich dieser Hund spiegelte, erkannte ich aber erst nach fast acht gemeinsamen Jahren. Für Lotta habe ich damals begonnen, an mir zu arbeiten, um

ihr Sicherheit zu geben. Ich lernte ‚gerade zu stehen', präsent zu sein. Meine Stimme einzusetzen und auch mal ‚laut' zu werden. Konfrontationen mit Menschen zu riskieren und für meine Meinung einzustehen. Oft habe ich mich vor meinen Hund gestellt, um ihn vor zudringlichen Menschen und Hunden zu schützen. Von Mal zu Mal fiel es mir leichter und ich habe gelernt, wieder auf meinen Bauch und mein Herz zu hören und nicht darauf, was andere Menschen sagen oder denken.

Durch all das habe ich mir nicht nur Lottas Vertrauen erarbeitet, sondern auch das Vertrauen in mich selbst. Man kann sagen, dass Lotta und ich in den letzten Jahren gelernt haben, unsere Herzen wieder für andere zu öffnen. Heute bestimmt eine positive Grundhaltung unser beider Leben und wir gehen unvoreingenommen und neugierig in neue Begegnungen.

Ein anderer Punkt, in dem Lotta mich deutlich spiegelt, ist, dass wir beide ‚Workaholics' sind. Wir machen kaum etwas, was nicht irgendeinen Sinn ergibt, haben beide Spaß am Arbeiten und merken manchmal beide nicht, wann wir eigentlich eine Pause bräuchten. Wir sind schnell für Neues zu begeistern und wollen auch hier immer gut sein und alles richtig machen. Wir beide lechzen nach Anerkennung und neuen Herausforderungen und gehen permanent über unsere Kräfte. Immerhin haben wir in den Jahren auch beide gelernt, ‚Pause zu machen' und einfach mal nur ‚zu sitzen und zu schauen', wie Lotta einmal in einer Tierkommunikation mitteilte. Das sind oft die innigsten Momente in unserem Zusammenleben.

Vor Lotta teilte ich mein Leben mit Lilli, einem kleinen Pudelmädchen. Auch Lilli hat mich damals sehr gespiegelt. Wir waren zu dieser Zeit beide immer bemüht ‚everybody's darling' zu sein. Haben uns alles von allen gefallen lassen und uns – egal in welcher Situation – n i e zur Wehr gesetzt. Negatives haben wir runtergeschluckt, Verletzungen still ertragen.

Es macht mich traurig, dass ich damals nicht die Kraft hatte, etwas zu verändern. Nach nur acht Jahren ist Lilli gegangen – und hat Lotta geschickt ..."

Hannas Hündin Cora ist eine elfjährige Border Collie-Mischlingsdame aus dem Tierheim: *„Sie lebt seit über zehn Jahren bei uns. Zu unserer Familie gehören noch drei Isländer. Für Cora und inzwischen*

auch für uns ist es selbstverständlich, dass sie uns tagtäglich spiegelt. Jeden Tag auf's Neue ‚trainiert' sie uns darauf, aufmerksam auf sie zu achten und uns unser Verhalten bewusst zu machen. Das hört sich sehr einfach an, aber ganz oft haben wir ihre Zeichen erst viel später erkannt.

Längere Zeit litt Cora immer unter Bauchspeicheldrüsenproblemen, die sich, seit der Bauchspeicheldrüsenkrebs bei meiner Mutter, ihrem Frauchen Nummer zwei, erkannt und auch operiert worden ist, nicht mehr gezeigt haben. Seit sie bei uns ist, leidet Cora unter Zahnfleischproblemen, die, egal von welchem Fachmann sie behandelt werden, unterschiedlich stark ausgeprägt sind. Besonders schlimm zeigen sie sich allerdings, wenn ich selbst ‚auf dem Zahnfleisch gehe' und sehr viel Stress habe. Wenn mir etwas schwer im Magen liegt, übergibt Cora sich gehäuft.

Am deutlichsten wird ihre Resonanz aber in Bezug auf meine Stimmung. Es ist, als ob ich in einen Spiegel schaue und mich selbst sehe, wenn ich sie angucke. Das schönste und für mich auch schwierigste Beispiel ist Folgendes: Auf dem Hof, auf dem unsere drei Isländer stehen, gibt es einen kleinen, stark verschmutzten Bach direkt neben dem Roundpen. Dieser Bach wird von allen anderen Hunden der Gegend gemieden. Cora ist jedoch mit Vorliebe und trotz Schimpfen immer wieder in diese Pampe hineingesprungen. Keine Erziehungsmaßnahmen, kein gutes Zureden bzw. Auf-sie-Einreden, wirklich nichts hat geholfen. Auch die Unterstützung durch das Errichten von mentalen Mauern hatte nicht den beständigen Erfolg, den ich mir gewünscht habe. Immer wieder ist Cora in unregelmäßigen Abständen in den Bach gesprungen und hat das Wasser getrunken. Natürlich hatte sie immer ausreichend Wasser zur Verfügung – auch Durst konnten wir also ausschließen!

Nachdem ich mit meinen Ideen am Ende war und mir auch langsam die Geduld ausging, bat ich schließlich meine Mutter, Cora in einer Tierkommunikation zu fragen, warum sie das tut, obwohl sie deswegen immer Ärger bekommt und ein derartiges Verhalten sonst nicht an den Tag legt. Meine Mutter richtete mir eine für mich verblüffende Antwort aus, nämlich dass ich das doch auch tun würde, den ganzen Dreck in mich hineinfressen. Nach dieser Aussage war ich zunächst verwirrt und musste einen Augenblick nachdenken. Aber ich stellte wieder einmal fest, dass Cora wie immer Recht hat. Leider neige ich dazu, mir Dinge sehr zu Herzen zu nehmen, sie in mich hineinzufressen und auch nicht so schnell wieder loszulassen. Dieses Problem wird noch zusätzlich durch Stress befeuert. Und so zeigt Cora mir jedes Mal auf dem Pferdehof, ob ich wirklich frei und gelassen bin oder ob genau das Gegenteil zutrifft und ich mir nur einrede, keine negativen Gedanken zu hegen. Regelmäßig erinnert mich Cora daran, an mir zu arbeiten und mir nicht alles so sehr zu Herzen zu nehmen. Sollte ich das wieder einmal vergessen haben, werde ich durch einen nassen, dreckigen und nicht gerade appetitlich riechenden Hund daran erinnert."

Unsere Hunde blicken hinter unsere Masken, und sie verhalten sich nach dem, was sie wahrnehmen. Unverhohlen und ungeschminkt. Manchmal allerdings muss man auch ein bisschen um die Ecke denken. Das ist Chance wie Herausforderung gleichermaßen. Kerstin beschrieb mir die folgende Situation: *„Pfingsten hatten wir Besuch von meiner Schwester, ihrem Freund und ihrer Tochter, meinem Patenkind. Auch mein Bruder war mit seiner Frau und der gemeinsamen Tochter da. Schon an der Gartenpforte knurrte Ronja die Tochter meines Bruders an und später schnappte sie sogar nach ihr, in einer Situation, in der sie auch hätte ausweichen können. Ich war entsetzt. Gegenüber Tierärzten hatte sie sich schon aggressiv gezeigt, aber gegenüber anderen Menschen noch nie. Es war mir natürlich auch super peinlich und ich habe nur gebetet, dass der Abend endlich vorbeigeht.*

Kurz vor dem Schlafengehen schnappte Ronja dann auch noch nach meiner Schwester. Ohne Hautkontakt, aber böse gemeint war es schon. Ich konnte die ganze Nacht nicht schlafen, aus schlechtem Gewissen, und weil ich dachte: Wenn der Hund das jetzt ausbaut – sie läuft immer frei –, das geht gar nicht. Ich war heilfroh, als endlich alle weg waren und war in der nächsten Zeit recht argwöhnisch, was Begegnungen mit

Fremden betraf. Aber es gab keinerlei Probleme. Ob Postbote, Paketzusteller, Schornsteinfeger oder Küchenbauer, Ronja zeigte keine Spur von Aggression. Sie hatte wohl einen schlechten Tag, meinte mein Mann, aber daran glaubte ich nicht.

Ich bin stattdessen in mich gegangen, und da war es mir sofort klar. Eigentlich (eigentlich ist eigentlich ein blödes Wort) möchte ich keinen so engen Kontakt zu meiner Familie, die ich erst als Erwachsene kennengelernt habe. Wenn meine Schwester anruft, bitte ich schon mal meinen Mann darum, ranzugehen und zu sagen, ich sei nicht da – weil ich keine Lust auf Gespräche mit meiner Schwester habe, die mich nur fordert, die nur von sich erzählt und der es irgendwie immer schlecht geht. Mit meinem Bruder habe ich überhaupt keinen Kontakt, außer auf Familienfeiern. Ich rufe ihn nicht mal an seinem Geburtstag an. Zwar mag ich meinen Bruder wirklich gern, auch meine Schwester, aber eingeladen habe ich sie nur aus Pflichtgefühl. Lust dazu hatte ich keine. Ich wollte sie in meinem Haus nicht haben – und das hat Ronja ihnen stellvertretend für mich gezeigt, weil ich es mich nicht traute. Ich bin mir ganz sicher, dass das der Grund für ihr Verhalten war.

Einerseits ist das schön, denn ich kann meinem Hund wieder vertrauen. Aber welche Konsequenzen hat das für mich? Soll ich den Kontakt zu meinen Geschwistern abbrechen? Mein Patenkind ist zwölf Jahre alt und weicht nicht von meiner Seite. Meine Schwester ist auch froh darüber, dass wir uns haben und es ist ja auch nicht so, dass wir uns nicht verstehen. Wie gesagt, ich weiß nicht, warum es mir so schnell zu viel wird. Es sind doch meine einzigen lebenden Verwandten ... Ist es einfach nur, weil ich sowieso gern allein oder nur mit wenigen Leuten gerne enger zusammen bin? Hmmmh. Sonst bin ich da klarer. Was ich nicht will, das mache ich nicht. Aber in diesem Fall ist es für mich nicht so leicht, klar zu sein, denn es würde bedeuten, anderen Menschen wehzutun. Auf jeden Fall findet in diesem Haus aber kein Familientreffen mehr statt, die Botschaft habe ich verstanden."

Vielleicht muss es gar nicht so radikal sein. Vielleicht geht es nur um ein „etwas weniger": Nicht alle auf einmal, nicht gleich über Nacht ... Sich die eigenen Grenzen klarmachen und andere diese Linie nicht überschreiten lassen: Ronja hat die Auseinandersetzung für ihr Frauchen stellvertretend übernommen, weil Kerstin sich – in dieser Situation hin- und hergerissen von widersprüchlichen Gefühlen – nicht getraut hat.

Wenn wir insgeheim wütend oder verzweifelt sind, werden Hasso, Herkules oder Trinchen also unter Umständen ganz schön aggressiv. Auch Melanie hat Ähnliches festgestellt: *„Wenn ich jemandem begegne, der mich nicht mag, ich aber von mir verlange, ihn und seine Meinung zu akzeptieren, dann spürt mein Hund dies ganz genau und reagiert mit Ablehnung – also genau so, wie ich reagieren würde, wenn ich es nicht unterdrücken würde."*

Nico kennt das nur zu gut. Sandro, sein sechsjähriger Mischling und ehemaliger Straßenhund, der zu allen und jedem immer freundlich ist, hat einen Todfeind: *„Einen älteren Labrador, Leo. Zwischen den beiden ist nie etwas vorgefallen, aber wenn Sandro diesen Hund sieht, tickt er völlig aus und keiner weiß warum."* Läuft sein Frauchen mit Leo am Grundstück entlang, rast Sandro wild kläffend den Zaun entlang, hört auf nichts und niemand mehr und kriegt sich fast nicht mehr ein. Leo hingegen trottet gemächlich vor sich hin, beachtet den wilden Sandro nicht einmal. Nico fragt sich oft: „Wieso geht Leos Frauchen nicht eine andere Straße, sondern muss immer an unserem Zuhause vorbei, wo Sandro schier überschnappt?" Die Spaziergänge mit Sandro sind umgekehrt manchmal auch etwas angespannt, da sein Herrchen immer Angst hat, Leo zu begegnen.

Wenn Sandro die Chance hätte, er würde Leo zerfleischen – zumindest wirkt es so. Wenn man ihn nun fragen würde – was würde Sandro selbst wohl dazu sagen? Nun, Tierkommunikation macht's möglich, ich wurde darum gebeten zu dolmetschen: *„Diesen arroganten Mistkerl kann ich auf den Tod nicht ausstehen. Der meint, er ist was Besseres. Der beachtet mich nicht einmal. Der schaut regelrecht durch mich hindurch. Das treibt mich in den Wahnsinn! Dem muss mal gezeigt werden, dass wir auch wer sind."*

Damit konfrontiert wurde Nico rot und sagte verlegen: *„Wissen Sie, es wundert mich eigentlich gar nicht, was er sagt. Die Halter von Leo sind genauso. Die grüßen nicht und wirken äußerst arrogant auf mich."*

Ich musste mir ein Grinsen verkneifen. Obwohl nur diese eine Kommunikation mit Sandro stattgefunden hatte, hat sich Erstaunliches verändert. Nico: *„Die Energien, das ganze Resonanzphänomen hat sich so gewandelt, dass sich die Hunde seither nicht mehr beim Spaziergang begegnet sind, und seltsamerweise kamen Leo und sein Frauchen bis heute auch nicht mehr mehrmals täglich am Gartenzaun vorbei. Das zu beobachten war echt krass!"*

Zusammenfassung

Einordnung der häufigsten Spiegelphänomene

Variante A: Ich trage das für dich mit. Ich mache es ganz genau wie du.

Variante B: Ich übernehm den Job komplett. Ich erledige das für dich.

Variante C: Ich zeige dir, was schief läuft: Spiegelverkehrt! – Ich lebe aus, was du blockierst.

Ach du liebe Zeit! Und ist das immer so? **Bin ich etwa schuld daran, wenn es meinem Hund nicht gut geht?** Nochmal meine klare Antwort: Um Himmels willen – nein! Es sei denn natürlich, Sie fügen Ihrem Schützling vorsätzlich oder grob fahrlässig Leid zu – dadurch würden Sie sich in meinen Augen tatsächlich schuldig machen. Die Aufforderung an uns Hundehalter besteht darin, uns dieser Resonanzprozesse bewusst zu werden und danach zu handeln – wenn es sich tatsächlich um solche handelt. Wie man das unterscheidet, klären wir auch noch.

Das heißt: Die wahren Bedürfnisse erkennen und danach leben! Die Bedürfnisse von Mensch **und** Hund wohlgemerkt.

Wie wir uns fühlen, beeinflusst also tatsächlich das Wohlergehen unseres Hundes. Aber noch einmal ganz deutlich: Hierbei geht es nicht um Schuld, sondern um **Handlungsbereitschaft**! Und auch das sei noch einmal ganz klar gesagt:

Ihr Hund tut das, was er tut oder nicht tut, ganz bestimmt nicht, um Ihnen ein schlechtes Gewissen oder Vorwürfe zu machen, oder gar, um Ihnen eins auszuwischen. Nie!

Eine meiner Freundinnen ist der folgenden Ansicht: „*Ich glaube, dass jeder den Hund kriegt, den er verdient, dass jeder Hund seinen Menschen irgendwie irgendwas lehrt, ihm etwas aufzeigt. Manchmal ist es aber schwierig, dies zu erkennen und wirklich etwas daraus zu lernen. Ich habe mir eine Zeit lang extreme Sorgen um die Gesundheit meines Rüden gemacht und tatsächlich war er ständig entweder erkältet oder hatte Magen-Darm-Probleme. Seit ich das mit der Verdauung lockerer sehe, verträgt er plötzlich mehr Leckerlis. Interessant!*“

Das finde ich auch. Nehmen Sie Resonanzphänomene als Geschenk an, als Einladung, als Aufforderung, sich mit sich selbst und Ihren Schattenseiten auseinanderzusetzen! Sie haben ihren persönlichen vierbeinigen Coach zuhause – Führungskräfte oder Manager müssen viel Geld bezahlen, um in speziellen Workshops erfahren zu dürfen, wie ein Tier auf sie reagiert, und etwas daraus zu lernen. Betrachten Sie das Ganze lösungsorientiert, nicht selbstzerfleischend, denn das ist ziemlich kontraproduktiv und macht Ihren Hund weder gesünder noch glücklicher.

Und um darauf jetzt endlich zurückzukommen: Nein, nicht immer liegt eine Spiegelung vor. Nicht jedes Zipperlein, nicht jede Unart Ihres Hundes hat etwas mit Ihnen zu tun. Wie wir Resonanz von Projektion unterscheiden können, dazu im Folgenden mehr.

Spieglein, Spieglein an der Wand – wann geht's um mich, wann nicht?

Manchmal, wenn man sich auf das untere Geländer einer Brücke stellt und sich vorbeugt und beobachtet, wie der Fluss langsam unter einem dahingleitet, weiß man plötzlich alles, was es zu wissen gibt.

A. A. Milne, Pu der Bär

Was macht eigentlich so ein Spiegel, wenn gerade niemand in ihn hineinschaut? Ich glaube, er hat durchaus ein Eigenleben und betrachtet die Welt aus seiner Sicht – unsere Hunde tun das auf jeden Fall.

Wir alle spiegeln uns in einem Gegenüber und bieten umgekehrt ebenfalls Projektionsfläche. Aber nicht jeden Kratzer im Spiegel haben wir zu verantworten. Vielleicht haben wir ihn gebraucht gekauft und der Vorbesitzer war unachtsam. Vielleicht hat der Wind die Vase umgepustet, die davor stand. Vielleicht ist es ein Fabrikationsfehler ...

Auch unsere Hunde haben so manche Eigenart, so manche Anlage schon mitgebracht. Auch ein Hund kann mal schlechte Laune haben, weil ihn die Nachbarskatze durch's Fenster geärgert hat, weil es regnet oder er wieder mal die läufige Hündin

beim Spaziergang knapp verpasst hat. Wir müssen nicht alles auf uns beziehen. Wir brauchen nicht ständig grübeln, woran wir heute wieder schuld sind. „So etwas wie Schuld gibt es eigentlich gar nicht, das ist ein Übersetzungsfehler in der Bibel. Es gibt nur Fehler. Die passieren jedem." Das ist ein Satz, den ich vor vielen Jahren auf einer Fortbildung gehört und mir gemerkt habe, denn er hat mir gut gefallen. Vor allem, weil man aus Fehlern lernen kann. Es sind Erfahrungen, die uns letztlich sogar weiter bringen, als wenn immer alles glatt liefe. Ein Ereignis ist einfach nur ein Ereignis. Wie immer geht es darum, was wir daraus machen. Der Rest wird – das wissen Sie ja schon – beeinflusst und gestaltet durch unsere Resonanz und Affinität. Wir sind Glieder einer Kette in unserem System. Wir hängen zusammen und agieren miteinander. Diese Kettenreaktion nötigenfalls zu durchbrechen, wenn zu viel Stress dazu kommt – das ist die Lösung des Ganzen. Aber eins nach dem anderen.

Warum bricht sich jemand das Bein, wenn er bloß von der untersten Stufe der Leiter fällt? Und jemand anders rappelt sich auf und geht unversehrt weiter, obwohl er von viel weiter oben fiel? Warum gerät jemand immer wieder an Tiere, die dieselben Symptome haben wie er selbst? Wie kommt es, dass der ausgeglichenste Hund an Tagen, an denen sein Mensch sowieso schon gereizt ist und es eilig hat, extrem schwerfällig und langsam vorwärts geht und an jedem Grashalm schnuppern muss? Oder er kläfft wie ein Wahnsinniger los, wenn er eine Fliege an der Wand sieht? Was hat es mit mir zu tun, dass der Hund, mit dem ich nur im Schneckentempo vorangekommen bin, am gleichen Tag bei meinem Mann in der Leine hängt wie ein Weltmeister im Tauziehen, weil es ihm gar nicht schnell genug gehen kann und er kaum zu bremsen ist? Das Problem hängt immer am anderen Ende der Leine. Manchmal auch an beiden. Und manchmal läuft der Hund ganz ohne. Und sein Mensch auch.

Goldene Spiegelregel: Das Maß aller Dinge

Unterscheidungskriterium Nummer eins: Wenn ich das Verhalten meines Tieres auf mich beziehen kann und das auch noch Sinn ergibt, dann wird es wohl etwas mit mir zu tun haben. In der Psychologie sprechen wir vom (in)adäquaten Affekt: Das Ausmaß unserer Reaktion auf ein Ereignis – unsere Resonanz also, genau! – ist ein hervorragendes Unterscheidungsmerkmal: **Entscheidend ist, ob wir mit einer Begebenheit angemessen (entspannt) oder übersteigert (massiv emotional) umgehen.**

Auf das obige Beispiel bezogen: Ich stelle selbst fest – oder lasse mich von ehrlichen Freunden behutsam darauf aufmerksam machen –, dass ich anscheinend total unter Stress stehe und daher mal Tempo rausnehmen und ganz langsam machen sollte. Mein Hund reagiert darauf, indem er diesem menschlichen Pulverfass, das jeden Moment hochgehen könnte, so gut es geht ausweicht. Dadurch bietet er mir auch noch die perfekte Projektionsfläche für meine Wut. Er hält mir quasi den Boxsack zum Abreagieren hin. Und weil ich diesen Mechanismus natürlich durchschaue, bevor ich auch nur ein einziges Mal in Versuchung gekommen wäre, loszubrüllen oder heftig an der Leine zu rucken, kann ich beschämt und erkenntnisreich an wesentlich geeigneterer Stelle die Luft rauslassen, ohne meinem aufmerksamen Hund dadurch zu schaden. Etwa durch Joggen gehen, in ein Kissen schlagen oder Holz hacken … Mein Mann dagegen sollte echt mal in die Hundeschule gehen und das Einmaleins der Leinenführung lernen! Spaß beiseite.

Ein anderes Beispiel: Sagen wir, Ihr Hund humpelt etwas, weil er sich das Bein vertreten hat. **Variante A:** Sie fahren sofort zum Tierarzt, lassen sich von ihm auch nach gründlichster Untersuchung nicht beschwichtigen, fordern eine Röntgenaufnahme, Ultraschall, Schmerzspritzen, Bioresonanz und Hydrotherapie und stellen seine Kompetenz infrage, als der das für etwas übertriebenes Mit-Kanonen-auf-Spatzen-Schießen hält. Prompt fängt Ihr Hund erneut an zu winseln und zu jaulen und Sie beide leiden um die Wette. In der Nacht bekommen Sie kein Auge zu, schlafen neben dem Hund auf dem Sofa und schrecken mehrmals auf, um zu kontrollieren, ob das Tier überhaupt noch atmet. Hundi leckt Ihnen schlaftrunken den Handrücken und Sie fangen darauf-

Manchmal ist es ganz gut, erstmal über ein Problem zu schlafen.

hin bitterlich an zu weinen, weil Ihre Nerven blank liegen.

Variante B: Sie schauen erst mal selbst nach, wie schlimm es ist, und beschließen je nach Bauchgefühl und Verhalten des Hundes, beim Tierarzt anzurufen, um zu klären, ob Maßnahmen erforderlich sind, oder warten in Ruhe die Nacht ab. Der Hund schnarcht, aber das tut er immer, und weil Sie selbst in Ihrem eigenen Bett liegen, schlafen Sie beide ganz hervorragend.

Rhetorische Frage: In welchem Fall liegt eine Spiegelung vor und in welchem nicht? Welche Reaktion ist angemessen, welche etwas übertrieben? Richtig! Variante A verlangt unser Augenmerk. In mehrfacher Hinsicht sogar. Der Mensch in diesem Beispiel regt sich so sehr auf, dass der Hund das Spiel mitmacht, einen wundervollen Sparringspartner gibt, sich brav mit hineinsteigert und sich am Ende umgekehrt sogar Sorgen um sein Frauchen bzw. Herrchen macht.

Wir alle kennen Hunde, die vermutlich glauben, sie hießen mit zweitem Vornamen „Auuuusss", „Rrrruntervomfeld" oder „Hierherverdammt". Auffällig und interessant ist für mich die Beobachtung, dass es Tage gibt, an denen diese Rufe wesentlich häufiger durch das Dorf schallen als an anderen. Und die haben **immer** etwas mit Herrchens oder Frauchens Stimmung zu tun, darauf möchte ich wetten! Und zwar nicht einfach nur, weil wir häufiger brüllen, wenn wir mies drauf sind, sondern weil unsere Gefährten uns dann tatsächlich mehr Anlass dazu geben. Provozieren sie uns also doch? Absichtlich? Nutzen Sie unsere Schwäche schamlos aus? Nein, ich denke ganz im Gegenteil. Sagen wir lieber, unsere Hunde fördern und fordern uns gleichermaßen.

Merke: Immer wenn ich mich über die Maßen in etwas hineinsteigere, mich über eine Situation, Eigenschaft, ein Verhalten aufrege, darunter leide, es meine Stimmung komplett verändert oder noch weiter steigert – dann hat es etwas mit **MIR** zu tun –, nicht mit meinem Gegenüber, egal wie viele Beine er oder sie hat. Es ist **MEIN** Thema, das ich mir anschauen und dann bearbeiten sollte!

Unterscheidungskriterium Nummer zwei – die Gegenprobe: Wenn ich mir die Situation bewusst anschaue, in mich gehe und trotz reiflicher, ehrlicher Prüfung zu dem Schluss komme, dass ich normal reagiert habe – dann hat es nichts mit mir zu tun.

Und wie ist das, wenn der humpelnde Hund aus unserem Beispiel auch noch ein humpelndes Herrchen hat – die klassische Spiegelbildsituation also? Ganz genauso: In dem Moment, in dem es Herrchen nicht nur auffällt, sondern er sich da hineinsteigert, sich womöglich deswegen Vorwürfe macht oder extrem emotional reagiert, ist die Wahrscheinlichkeit groß, dass das Verhalten beziehungsweise das Symptom seines Hundes etwas mit ihm zu tun hat, ihm etwas aufzeigen will.

Wie verhält es sich, wenn nun aber mein Mann mich belehren will, dass ich es bin, die keine Ahnung von Hunden hat und der Haussegen schief hängt? Weil er nämlich jüngst beobachtet hat, wie ich dem Hund die Leine lang lasse, damit der in Ruhe schnuppern kann, solange er möchte? Es kommt ganz darauf an: Wenn mich die Auseinandersetzung runterzieht, mein Selbstbewusstsein sich auf dem Boden windet und ich ernsthaft überlege, daraufhin den Beruf zu wechseln: Na, was glauben Sie? Genau: Wieder ist es **mein Thema**.

Wenn seine Tirade an mir abprallt und ich ihn charmant in den Keller schicke, wo der Boxsack hängt, dann ist es **sein Thema**. Es liegt nahe, dass er irgendeinen eigenen Frust auf mich und den Hund projiziert hat. Wir haben ihm unwissentlich ein Thema aufgezeigt, das er wohl bearbeiten sollte – vielleicht Geduld.

Aber Achtung, apropos aufzeigen und „Das hat bestimmt etwas mit mir zu tun“: Menschen, die chronisch **immer (!) alles (!)** auf sich beziehen, was im Außen geschieht, sind meist nah dran an einer Depression

und sollten dringend ärztlichen Rat in Anspruch nehmen. Diese im psychologischen Sinn so genannten ***Beziehungsideen*** – sich selbst also dauerhaft als Mittelpunkt des Weltgeschehens zu erleben und bedeutungsvolle Zusammenhänge in Zufälligkeiten hineinzuinterpretieren – das sind Symptome einer ernstzunehmenden psychischen Beeinträchtigung, die ärztlich überprüft werden sollte.

Eingespielte Teams

Ich kenne hinkende Hunde, die ganz normal laufen, wenn Frauchen im Urlaub ist oder einfach mal kurz wegschaut. Oder Kläffer, die seelenruhig an anderen Hunden vorbeigehen, wenn sie jemand anderes begleitet als Herrchen. Oder chronische Huster, die symptomfrei sind, sobald sie die Tierarztpraxis betreten ...

Es gibt da draußen jede Menge solcher eingespielten Teams: Frauchen hat ein übersteigertes Pflegebedürfnis, weil sie damit irgendein Defizit kompensiert. Sie sucht sich unterbewusst eine Ersatzbaustelle, einen opferbereiten Nebenkriegsschauplatz, damit sie sich nicht mit sich selbst auseinandersetzen muss, oder um einen nicht ausgelebten Partner- oder Kinderwunsch zu übertünchen. Weil sie vielleicht lieber gern Tierarzthelferin geworden wäre, weil sie nicht in der Sterbestunde ihres Vaters dabei sein konnte, oder, oder, oder. Es gibt viele mögliche Gründe. Jedenfalls therapiert sie den überbehüteten Vierbeiner bei jedem Zipperlein aus der umfassend ausgestatteten, hauseigenen Apotheke, die mal ihre Küche war, und überschüttet ihn mit allem, was das eigene Herz begehrt – nur der Hund begehrt es nicht wirklich, aber das bekommt sie leider gar nicht mit vor lauter Liebesaktionismus ... Und weil er so treu und loyal ist, bietet der vierbeinige Gefährte sogar von sich aus reichlich „Spielfläche" an. Immer hat er irgendwas und Frauchen kann sich das gar nicht erklären. Ganz erschöpft ist sie schon vom dauernden Hegen und Pflegen. Aber immer zieht sie sowas an. Alle ihre sieben Hunde, die sie nacheinander hatte, alle hatten sie ständig irgendetwas und irgendwann sind sie sogar dran gestorben. Gut konditioniert? Gelerntes Verhalten? Auf jeden Fall tragisch!

Bei einer glücklicherweise glimpflicheren Variante dieses Phänomens wurde eine befreundete Tierheilpraktikerin jüngst zu Rate gezogen. Sie arbeitet als Homöopathin, Osteopathin und nimmt gegebenenfalls auch Tierkommunikation als Werkzeug mit dazu.

„Sam, ein 13-jähriger Collie, Frauchens Ein und Alles, bekommt jetzt im Alter immer mehr Probleme mit dem Bewegungsapparat. Er findet ständig irgendwelche Möglichkeiten, um sich zu ‚zerlegen'. Er fällt seitlich von der Autorampe, bekommt die Kurve nicht, der junge Zweithund rempelt ihn an usw. Da die Tierhalterin alles tut, damit Sam sein Alter möglichst schmerzfrei genießen kann, kommt sie regelmäßig zur Behandlung in meine Praxis. Beim letzten Mal, nachdem alles wieder gerichtet war, bat sie mich, Sam zu fragen, ob er irgendetwas loswerden wolle. Sie habe das Gefühl, dass ihm irgendetwas auf der Seele liege, was sie nicht deuten könne. Ich befragte Sam, schaute dann sein Frauchen an und sagte: ‚Wollen Sie ehrlich hören, was er gesagt hat?' Sie bejahte und ich teilte ihr mit, dass Sam völlig genervt sei, weil sie ihn so betüddeln würde und ihm regelrecht die Luft zum Atmen fehle. Daraufhin gestand sie mir, dass sie sich in letzter Zeit solche Sorgen um sein Herz mache, weil er auch öfter schwer schnaufe. Deshalb sei sie nachts schon mehrfach aufgestanden, um nachzusehen, ob Sam noch lebe.

Aha – das schien Sam zu viel des Guten zu sein. Ich riet ihr, den Tierarzt zu konsultieren, um das Herz untersuchen zu lassen. Dann könnten wir ja weitersehen. Ein paar Tage später rief sie an und teilte mir mit, dass alles gut sei. Nun merkte sie plötzlich, wie der Schlafmangel sie geschlaucht hatte. Seitdem fühlt sie sich wie neugeboren, weil sie endlich wieder nachts ruhig schlafen kann. Na, und Sam erst ..."

Was tun, sprach Zeus?

In manchen Philosophien, auch in der Quantenphysik, heißt es, alles was wir erleben, sei letztlich Projektion. Alles, was wir sehen oder in der Welt erfahren – hausgemachte Projektion. Buddha soll gesagt haben: „Es ist unser Geist, der die Welt macht."

Das läuft natürlich auf unterbewussten Ebenen ab, aber wenn wir dieses Prinzip durchschaut haben, gibt uns das die Kraft und die Möglichkeit, unseren Geist und dadurch die Welt um uns herum zu verändern. Das ist auch die These von Eckhart Tolle, Chuck Spezzano und vielen anderen spirituellen Lehrern unserer Zeit. Unser Blick auf die Welt verändert die Welt, im Kleinen wie im Großen. In dem Augenblick, in dem ich meine Sicht auf meinen Hund verändere, wird sich auch mein Hund verändern. Blöd daran ist nur, wenn man nicht gerade schon Zenmeister oder auf dem besten Weg dahin ist, dann klingt das vielleicht wunderschön und erstrebenswert – aber wie gelingt mir das als ganz normales „menschliches Leinenende"? Wo ist der Selbsthilfeknopf, wenn ich gerade mittendrin stecke, mich hilflos, verzweifelt, wie gelähmt fühle und den Wald vor lauter Bäumen nicht sehe?

Na ja, ganz pragmatisch: Was hilft Ihnen denn sonst, wenn Sie Ihr Spiegelbild unerträglich finden oder einen bad-hair-day haben?

Erstens: Tief durchatmen.

Zweitens: Nicht vorm Spiegel stehen bleiben, bis man ihn zerdeppern möchte, sondern woanders hinschauen, sich ablenken, sich beruhigen – mit all den Strategien, die sich sonst auch bei Ihnen bewährt haben. Raus aus der Akutsituation!

Drittens: Nochmal tief durchatmen.

Viertens: Gönnen Sie sich was Schönes, eine Auszeit, und sei es auch nur eine Zweiminutenoase: Schnuppern Sie an einer schönen Blume, halten Sie die Nasenspitze in die Sonne, trinken Sie einen liebevoll aufgeschäumten Cappuccino, erinnern Sie sich an einen Glücksmoment. Wenn Sie noch etwas mehr Zeit haben: Machen Sie fünf Kniebeugen, rennen Sie einmal um den Block oder brüllen Sie im Auto. Powern Sie das Adrenalin raus.

Sie dürfen sich auch die Decke über den Kopf ziehen, wenn Ihnen einfach nur zum Heulen ist – eine halbe Stunde später sieht die Welt schon wieder ganz anders aus. Wichtig ist: **Egal was Sie tun, treffen Sie eine bewusste Entscheidung, zu der Sie hundertprozentig Ja sagen.** Nicht die Sahnetorte macht dick, sondern das schlechte Gewissen dabei!

Viertenseinhalb: Selbstliebe. Ganz wichtig! Freuen Sie sich an sich selbst. Holen Sie tief Luft und fühlen Sie, wie Sie dabei zu Hause ankommen, in Ihrem Körper nämlich. Daheim. Sie atmen, Sie leben, es geht Ihnen gut. Jetzt und hier, in diesem Moment. Erlauben Sie sich Frieden, Dankbarkeit und Liebe für sich selbst – und für Ihren Hund. Denn eigentlich ist er ein großartiger Freund und Seelenkumpel, oder etwa nicht? Und zu 99 % passt ja schon alles. Na sehen Sie.

Fünftens: Ressourcenstärkung. Machen Sie sich deutlich bewusst, was Sie können, was schon alles super klappt, erinnern Sie sich an gute Momente, die Ihnen Kraft geben können und sagen Sie sich: „Heute wird was Tolles passieren, ich bekomme lauter gute Nachrichten!", oder etwas Ähnliches, das in der jeweiligen Situation passt. Es funktioniert! Energie folgt immer unserer Aufmerksamkeit.

Legen Sie sich einen Ideenvorrat an für schlechte Zeiten. Hier ist der Platz dafür:

Meine persönliche Selbsthilfe-Trickkiste:

Verbundenheit

Mit Projektionen arbeiten

Ungebildete sehen in einem A nur drei Stöcke.

A. A. Milne, Pu der Bär

„Damit gehe ich in Resonanz" bedeutet, etwas, das ich erlebe, macht etwas mit mir. Damit erlebe ich mich also passiv – überspitzt ausgedrückt: in der Opferrolle. Es wird immer so sein, dass Dinge, die wir erleben, die wir beobachten, etwas in uns auslösen, das vom Ursprung her mit uns zu tun hat. Etwas anschwingen in uns. Und das ist gut so, denn es ist eine unserer Hauptfähigkeiten, dass wir uns berühren lassen können, Mitgefühl entwickeln, unsere Spiegelneuronen feuern. Nur ist der Grat schmal, auf dem wir uns dabei bewegen. Wir müssen gut für uns sorgen, damit aus einem entgleisten **Mitfühlen** keine Flutwelle wird, in der wir und die uns Anvertrauten ertrinken.

Mitleiden und Mitfühlen sind zwei komplett verschiedene Schuhe!

Wir haben immer die Möglichkeit, uns Dinge bewusst zu machen und dadurch etwas Grundlegendes zu verändern. Dann sind wir keine Opfer der Situation mehr, sondern dann sind wir **Entscheider**. Wir haben immer eine Wahl, unser Verhalten, Denken und Fühlen in Bezug auf ein Ereignis zu verändern. Wir brauchen es nur zu tun! Das Spannende ist, dass sich in der direkten Folge nicht nur Strukturen in unserem Gehirn, sondern sogar Muster von Ereignissen verändern werden, weil wir nicht mehr so darauf reagieren, wie wir es bisher getan haben.

Klar: Wenn ich beim Frisör war, wird mich ein anderes Spiegelbild betrachten als zuvor. Wenn ich wütend in den Spiegel schaue, werde ich eine wütende blonde Frau sehen, die dringend den Frisör wechseln sollte. Wenn ich hineinlache, lacht sie zurück, und das mit dem Frisör ist gar nicht mehr wichtig. Und natürlich sehe ich mir an der Nasenspitze an, ob das ein ehrliches Grinsen war oder ein aufgesetztes.

Meinem Spiegelbild kann ich viel erzählen – aber nichts vormachen.

Das gilt natürlich auch für unsere Hunde! Was wir im Spiegel sehen, sind eben auch mal unsere Schattenseiten – hell und manchmal unbarmherzig ausgeleuchtet. Unser Ego will sich dann mitunter drücken und weigert sich, das Offensichtliche anzuschauen. Wir stehen zu nah dran, um uns in voller Größe erkennen zu können und somit wie der Ochs vor dem Berg. Dann ist es hilfreich, einen Schritt zurückzumachen, Abstand zu nehmen. So kann man das große Ganze besser sehen – und vor allem: etwas draus machen!

ÄNDERE DIE ART, WIE DU DEINEN HUND ANSCHAUST UND ER WIRD SICH VERÄNDERN!

Es gibt einen ganz simplen Trick, den ich in meiner systemischen Ausbildung kennengelernt habe. Schreiben Sie mal auf, was Sie an Ihrem Hund stört. Beschreiben Sie ihn zuerst allgemein, seine Eigenschaften, was er gut kann, was er nicht macht, was Sie schön finden, und was Sie gern anders hätten. Schreiben Sie es bitte hier auf (und nicht schon auf der nächsten Seite weiterlesen!)

So sehe ich meinen Hund:

Als Nächstes schreiben Sie den Text bitte um: An jeder Stelle, wo Sie Ihren Hund mit „er“ oder „sie“ beschrieben haben, streichen und ersetzen Sie die Worte bitte durch „ich“. Ja, ganz genau. So wird aus einem „Eigentlich ist **er** ein ganz lieber, aber ständig klaut **er** Maiskolben vom Feld, wenn ich nicht aufpasse“ ein „Eigentlich bin **ich** ein ganz lieber, aber ständig klaue **ich** Maiskolben vom Feld.“ Das würden Sie nie tun? Es ergibt keinen Sinn für Sie? Doch, gleich! Ein bisschen Geduld bitte!

Im nächsten Schritt schreiben Sie nun alle negativen Eigenschaftsworte heraus, die Sie Ihrem Hund zugesprochen haben. Die positiven Zuschreibungen dürfen so stehen bleiben, mit den negativen wollen wir uns nun als Nächstes auseinandersetzen. Tragen Sie diese bitte hier in der linken Spalte der Liste ein, Sie dürfen auch gern noch weitere ergänzen:

UMDEUTEN!

Jede Medaille hat zwei Seiten. Vielleicht fällt es Ihnen anfangs schwer, aber lösen Sie sich für unsere Übung jetzt bitte von Ihren Gefühlen und betrachten Sie neutral die Begriffe, die Sie notiert haben. Deuten Sie im nächsten Schritt nun diese Eigenschaften um, finden Sie das Positive darin oder drücken Sie es zumindest neutral aus. So wird aus „halsstarrig“ oder „hartnäckig“ vielleicht „beharrlich“ oder „ausdauernd“. Ein „verfressen“ wird womöglich zu „selbstfürsorglich“, ein „nerviges Kläffen“ ist positiv ausgedrückt einfach ein „Lautes auf sich aufmerksam Machen.“

In jeder Eigenschaft, die wir blöd finden, die uns aufregt oder ängstigt, steckt immer auch ein guter Aspekt mit drin – und zwar gleichrangig. Yin und Yang:

negative Eigenschaft …	*positiv umgedeutet*

Das eine existiert nicht ohne das andere. Es gibt immer einen positiven Anteil, eine Botschaft, die es sich anzuschauen lohnt, weil sie tatsächlich die Lösung birgt.

Wenn Sie emotional so verstrickt sind, dass es Ihnen schwerfällt, einen passenden Gegenbegriff zu finden, dann fragen Sie Ihre Freunde und Bekannten, was ihnen zu dem betreffenden Wort als positive Umdeutung einfällt. Den Zusammenhang zu Ihrem Hund brauchen Sie dafür gar nicht herzustellen. Es geht um das Prinzip, um die Botschaft, die verborgen im Wort selbst steckt – diesen positiven Aspekt. Das zweite Gesicht der Ohnmacht ist Hingabe. Hinter der Angst versteckt sich die Vorsicht – und was wären wir ohne sie? Jeder Schmerz ist eine Warnung, jede Aggressivität ist auch ein Motor, eine Antriebskraft – die Überlebenskraft schlechthin.

Und wieder gilt: Was wir daraus machen, ist das Entscheidende. Wie setzen wir den Motor ein, konstruktiv oder destruktiv? Wo kippt es? Wenn wir durchschaut haben, worum es eigentlich geht, was dahinter steckt – dann ist die Lösung meist ganz offensichtlich und schon sehr nah.

Es geht um uns. Jedes „mein Hund ist so", ist in Wahrheit ein „ich bin so": Was uns am anderen am meisten stört, sind Dinge, die uns an uns selbst nerven oder die wir unterdrücken. Vor ein paar Jahren sorgte eine wissenschaftliche Untersuchung für Furore. Es ging um Homosexualität. Interessanterweise konnten die Forscher anhand von Hirnstrommessungen beweisen, dass die Männer, die am lautesten und heftigsten schimpften, ablehnend und abwertend homophob reagierten, tatsächlich unterschwellig die stärksten homoerotischen Neigungen

hatten. **Das, was ich bei meinem Gegenüber als „Aufregerthema" sehe, sind Anteile von mir selbst, die ich unterdrücke, mir nicht erlaube oder einfach nicht leiden mag.** Das ist die Botschaft. Ganz simpel eigentlich.

In dem Moment, in dem Sie das erkennen, sich dieses Verhalten erlauben oder die Emotion zugestehen, die Sie an Ihrem Hund kritisieren, haben Sie das Problem schon beinahe gelöst. Und das Beste: Ich bin überzeugt, dass Ihr Hund sich parallel zu dem Prozess, der dann in Ihnen beginnt, mit verändert. Warum ich mir da so sicher bin? Was soll ein Spiegel denn anderes tun, wenn derjenige, der hineinsieht, plötzlich seine Mimik verändert? Er wird das neue Bild reflektieren. Er kann gar nicht anders. Sonst wäre es doch kein Spiegel.

Nehmen wir an, Ihr Hund räumt jedes Mal den Mülleimer aus, sobald Sie den Raum verlassen. Alles wird zerpflückt und zerfleddert, der Abfall durchwühlt, jeder Fitzel, der auch nur halbwegs verdaulich wirkt, zerbissen und aufgefressen. Anscheinend hat das auch etwas mit Ihnen zu tun, denn Sie regen sich fürchterlich auf und machen sich riesengroße Sorgen, dass Ihr Hund sich den Magen verdirbt und davon krank wird. Aber vor allem ist es eine Riesensauerei, die Sie da ständig wegputzen müssen. Eigentlich wissen Sie gar nicht, was Sie mehr aufregt: Der Dreck, der für Sie zusätzliche Arbeit bedeutet, oder dass der Hund (vermutlich absichtlich!) etwas tut, was Sie ihm doch verboten haben und sich damit einfach nicht an Ihre Regeln hält, sich glatt über sie hinwegsetzt!

Wir gehen wieder genauso vor wie vorhin. Die erste Erkenntnis bricht sich Bahn, nachdem Sie „mein Hund" durch „ich" ersetzt haben: Kennen Sie Situationen, in denen Sie selbst den Müll durchwühlen, sobald Sie allein sind? Überlegen Sie mal ... in Ruhe ... im übertragenen Sinn. Klingelt's? Sie selbst fressen vielleicht alles in sich hinein, was Sie oder andere eigentlich schon längst entsorgt haben (sollten) und sorgen sich gleichzeitig, dass Sie das krank macht – was auch oft genug der Fall ist, schätze ich mal. Heben Sie etwa alles auf? Kann es sein, dass Sie nichts wegwerfen können (nicht nur Lebensmittel)? Kennen Sie den Satz: „Das kann man bestimmt nochmal gebrauchen!?" Sind Sie das Sammeldepot der Familie? (Oh verflixt, das Thema kenne ich auch!) Oder beißen Sie sich auch im übertragenen Sinn an Themen fest, fällt es Ihnen schwer, loszulassen? Ihr Gedankenkarussell startet, sobald Sie allein sind? Zu viel Grübeln ist ungesund, das wäre die nächste Interpretation, die mir dazu einfällt. Vielleicht steckt auch dahinter, dass Sie nicht verinnerlicht haben, sich aus der Fülle bedienen zu dürfen, dass Sie gar nicht die Reste der anderen verwerten müssen, eine Angst, nicht genug zu bekommen ...

Meine Eltern zum Beispiel haben den Krieg und die Zeit der Entbehrungen durchlitten – da wurde nie etwas weggeworfen, das Alte verwertet, repariert, umgestaltet, aufgehoben, das Gute weggelegt für schlechte Zeiten ... und im Schrank vergessen.

Kommen wir zum nächsten Aspekt: Die Unordnung, um die Sie sich kümmern müssen ... Womöglich kommt auch hier ein ganz altes Muster aus Ihrer Kindheit hoch. Kommen Ihnen Szenen wie diese bekannt vor? Ein Kind ist vertieft im Spiel, überall liegen Sachen auf dem Boden verteilt, es hat Spaß und geht ganz in seiner Welt auf. Ganz in sich und sein Spiel versunken, beschäftigt es sich mit sich allein – kein Spielkamerad weit und breit. Die anderen sind weg, haben zu tun ... Alleinsein. Und dann kehren die Großen zurück, die Familienoberhäupter wertschätzen nicht die erschaffene Fantasiewelt oder die Fähigkeit, allein klarzukommen. Noch im Willkommensgruß heißt es mit schriller, lauter Stimme, die einem die Wiedersehensfreude vergällt: „Räum Dein Zimmer auf! Wie sieht das denn hier aus? Was ist das für ein Dreck? Was hast Du wieder angestellt? Kann man Dich nicht fünf Minuten alleine lassen?“

Das schlechte Gewissen der Erwachsenen wird auf das Kind projiziert. Und alles, was es in Wirklichkeit gebraucht hätte, wäre ein bisschen mehr Aufmerksamkeit und Gesellschaft ... Zeit miteinander.

Wenn Sie verstehen, was Ihr Hund durchlebt, warum er die Dinge tut, die er tut – und zwar wirklich nicht, um Sie zu ärgern –, dann wird vieles leichter. Vielleicht wird er es nie sein lassen, im Müll zu wühlen (wenn Sie ihn nicht hundegerecht verräumen), weil das nun mal ein schönes Hundespiel ist, aber erst in dem Moment, in dem sich Ihre Einstellung dazu ändert, wird sich die ganze Situation entschärfen. Sie werden sich anders verhalten, andere Räume schaffen – und Ihr Spiegel wird auf all die Anteile reagieren, die etwas mit Ihnen zu tun hatten.

Es ist fast schon zum Trend geworden, einen Hund aus dem Tierschutz zu übernehmen, oft sogar aus dem Ausland. Gerade hier wissen wir nicht, was der Hund vorher erlebt hat. Wir können nur ahnen, was ein Aufenthalt in der Tötungsstation oder auf der Straße, traumatisiert, misshandelt oder halb verhungert, für Spuren in Fell und Seele gebrannt hat. Der Hund ist durch seine Herkunft geprägt und wird geraume Zeit brauchen, sich von daraus resultierenden Verhaltensweisen zu lösen.

Man braucht also viel Geduld und Erfahrung – und muss sich einmal öfter in die Fellnase hineinversetzen: Wieviel Panik empfindet ein solches Tier, wenn ich es allein im Haus oder im Auto zurücklasse? Kein Wunder, wenn es aus lauter Angst auf den Teppich pinkelt, die Sofagruppe zerpflückt oder heult und bellt, bis Rettung naht. Wahrscheinlich hat ihm seine verzweifelte Stimme schon einmal das Leben gerettet. **Wenn wir uns bemühen, ein Tier und sein Verhalten zu verstehen, und geduldig und einfühlsam mit ihm umgehen, ist das schon die halbe Miete.** Oder würden Sie einen Kriegsveteranen dafür bestrafen, dass er zusammenzuckt, wenn irgendwo ein Auspuff fehlzündet und laut knallt? Vielleicht schmunzeln wir heimlich, weil unsere

Großeltern nichts wegwerfen wollen, aber hey: Sie können und wollen Dinge wenigstens noch reparieren! Von ihnen können wir Nachhaltigkeit lernen.

Natürlich merkt Ihr Hund, dass Sie es gut mit ihm meinen – Sie müssen sich nur dementsprechend verhalten. **Wut und Hass sind wie ein inneres Feuer, das Heilung sehr schwer macht.** Der berühmte Zenmeister Thich Nhat Hanh sagte bei einer Fragestunde im Mai 2014 im buddhistischen Kloster Plum Village in Frankreich: „Sobald wir Mitgefühl in unserem Herzen haben, findet Heilung sehr leicht statt. Mitgefühl ist sehr kraftvoll und mächtig, nicht schwach, wie manche Leute meinen. Es dient nicht nur dem Wohl unseres Gegenübers, sondern auch unserer eigenen Heilung."

GLAUBENSSÄTZE UND SELBSTKONZEPTE

Was wir durch das Verhalten, die Symptome und Auffälligkeiten unserer Hunde wahrnehmen, sind also unsere eigenen Schattenseiten und darunter ganz tief verborgene Selbstkonzepte. **Kellerkinder**. So nenne ich sie am liebsten, weil sie uns nichts Böses wollen, sondern einfach nur ans Licht. Ob wir sie nun „Glaubenssatz", „Thema", „Problem" oder „Symptom" nennen, sie gehören zu uns, sind ein Teil von uns. Und je mehr wir sie ausblenden, je entschlossener wir die Tür zum Keller verriegeln, verbarrikadieren und zunageln, desto lauter werden sie da unten schreien.

Leider ist da so eine Tendenz in uns: wegschauen, Symptome wegschieben, Keule drauf, damit sie bloß still sind, die bösen. Im Zweifel kommen sie dann aber an anderer Stelle nur umso heftiger wieder hoch.

Stellen Sie sich vor, Sie würden ein Kraftwerk leiten. In der Schaltzentrale gibt es eine bunte Leuchttafel. Diese signalisiert Ihnen mit grünen Lämpchen, wo im Kraftwerk alles rund läuft. Nur wenn etwas nicht funktioniert, leuchtet es irgendwo rot. Was wir leider meistens tun, ist einfach ein neues Lämpchen einsetzen. So machen wir geraume Zeit weiter, während das Feuer oder die Überschwemmung sich ausbreiten und die nächsten Lämpchen die Farbe wechseln – anstatt einfach mal hinzugehen, wo es brennt oder das Rohr gebrochen ist und vor Ort zu löschen oder das Leck zu reparieren. Auf Dauer macht ein solches Verhalten

die Fabrik kaputt. Das wissen wir. Hunde sind auch irgendwie Lämpchen. Aber bitte reißen Sie diesen Satz nicht aus dem Zusammenhang und zitieren Sie mich damit!

Ganz wichtig fürs Gelingen unserer Übungen: **Vergeben Sie Ihrem Hund, was er alles anstellt, um Ihr Lämpchen zu sein – und vergeben Sie sich selbst, dass Sie so lange nicht aufgestanden sind, um löschen zu gehen.** Denn auch das ist eine alte Weisheit: Was wir anderen erlauben, schenken, geben und (ver) geben, ermöglichen wir gleichermaßen auch uns selbst.

Also immer dran denken:

1. Erkennen
2. Bedanken
3. Verzeihen

Egal, was wir durch solche Spiegelübungen an Erkenntnissen über uns gewinnen – allein dass wir etwas über uns erkennen, ist bereits der erste Erfolg. Dadurch, dass wir einen im Verborgenen wirkenden Mechanismus ans Licht holen, aus dem Unterbewussten ins Bewusstsein rücken, knipsen wir bereits das Licht im Keller an. Jedes Gespenst verliert im Tageslicht seinen Schrecken und schrumpft auf Kindergröße. Auf die Größe eines sehr bedürftigen, hungrigen, schmutzigen und traurigen Kindes höchstwahrscheinlich … Ob es nun Gier ist, Ohnmacht oder Wut, die der Hund uns aufzeigt, unsere Angst, nicht zu genügen, übersehen oder nicht für voll genommen zu werden – wenn wir für uns einen Weg finden, damit neu umzugehen, wird vieles leichter. Nicht nur Ihr Hund wird sich danach verändern, sondern vielleicht sogar Ihr ganzes gemeinsames Leben …

GEDANKENREISE: KELLERKINDER FÜTTERN UND PFLEGEN

Setz Dich bequem hin, schließ die Augen. Stell Dir vor, Du betrittst ein Haus. Es ist Dein eigenes Haus, Dein Traumhaus und damit zugleich Dein Seelenhaus. Sieh Dich in aller Ruhe um, zupfe ein bisschen an der Deko, mach die Fenster auf, lüfte gut durch. Aber halte Dich nicht zu lange auf, denn wir wollen in den Keller. Genau. Wir machen uns auf die Suche nach Deinen Kellerkindern – eines zurzeit.

Hast Du ein spezielles Thema mitgebracht? Gibt es eine Eigenschaft, die Dich beschäftigt? Eine, die Du an Deinem Hund als Deine eigene erkannt hast? Schau mal hin. Geh zur Kellertür, knipse das Licht an und geh langsam die Treppe hinunter. Vielleicht siehst Du es nicht gleich. Eventuell hat es genauso viel Angst vor Dir wie Du vor ihm. Aber irgendwo wird es sitzen, kauern, warten. Dich erwarten.

Welche Gestalt hat es? Wie groß ist es? Lass Dich überraschen. Es wird Dir nichts tun. Es will Dir nicht schaden. Vielleicht sieht es nicht menschlich aus, sondern hat nur eine grobe Form – vielleicht stellt es sich als Gnom dar, als Fabelwesen oder etwas ganz Abstraktes. Vielleicht ist es auch nur ein kleines, verwahrlostes Kind. Ganz egal wie: Taste Dich heran, gehe so weit vor, wie es sich für Euch beide sicher und gut anfühlt. Und dann frag das Wesen bitte, was es braucht, was es sich von Dir wünscht, was Du ihm geben kannst, damit es sich wieder wohl, verstanden und ernst genommen fühlt. Frag es, was ihm guttut. Ja, richtig, pflege es bitte. Wasche es, lass ihm ein warmes Schaumbad ein, Du wirst alles an Zubehör im Keller finden, was Du dafür benötigst. Mach es sauber, schenke ihm Trost, Geborgenheit und Liebe. Und füttere es. Es hat ganz bestimmt Hunger.

Je mehr Du dieses vernachlässigte Kellerkind hegst, desto mehr wird es seine Form verändern. Es wird Würde und Stärke zurückgewinnen und seine guten Seiten zeigen. Bring ihm Licht. Stell Dir vor, dass die Kellerdecke eine Luke freigibt, die direkt den Blick in den Himmel erlaubt. Lass einen Strahl dieses wunderbaren, hellen Himmelslichtes auf Euch beide niederstrahlen.

Dieses Wesen hat einen Grund, bei Dir zu sein. Sobald Du ihn kennst, kannst Du Deine Hausaufgaben machen. Deine Intuition wird Dir helfen. Wenn Du Deine Hausaufgaben erledigt hast, hat Dein Kellerkind seine Aufgabe erfüllt. Denn die besteht einzig darin, Dich aufmerksam zu machen auf etwas, das Du bisher versäumt hast.

Wenn es sich gut anfühlt, dann nimm das kleine, saubere, satte Kellerkind auf den Schoß und kuschele ein wenig mit ihm. Badet beide im Licht, das Du in den Keller gebracht hast. Genießt die Wärme und die Nähe. Du hast soeben einen Seelenanteil von Dir wiedergefunden.

Wenn Ihr noch etwas Zeit braucht, um Euch miteinander vertraut zu machen, ist es auch gut. Nehmt Euch die Zeit, nichts überstürzen. Komm einfach bald wieder! Lernt Euch in Ruhe kennen! Wenn das Gefühl für den Moment richtig gut ist, und erst dann, kannst Du das Kleine auch mit in Dich hineinnehmen, es vollständig integrieren, wieder eins werden.

Wie auch immer, wenn Du meinst, für diesmal ist es genug, verlass den Keller mit einem guten Gefühl auf dem Weg, den Du gekommen bist. Geh die Treppe hinauf ins Erdgeschoss, schließ die Tür, aber lass bitte das Kellerlicht an.

Nimm Dir einen Moment der Entspannung, vielleicht in Deinem Lieblingssessel am Kamin im Erdgeschoss. Dann verlass Dein Haus wieder und komm mit tiefen, bewussten Atemzügen wieder ganz langsam zurück in die Gegenwart, ins Hier und Jetzt. Streck Dich, bewege Deine Finger und Zehen und öffne die Augen.

Raum für eigene Notizen

DAS DILEMMA MIT DEN AFFIRMATIONEN

Unbewusste Glaubenssätze, Überzeugungen aus Kindertagen sind es, die tief in uns drin wie Schläfer arbeiten. In den unpassendsten Momenten stellen sie uns ein Bein. Unsere bewussten Gedanken sind die eine Sache – und wir alle wissen, wie schwer es sein kann, diese unter Kontrolle zu halten. Das Unbewusste, unsere zugeschütteten Emotionen, haben die stärkeren Wurzeln. Die hatten ja auch viel mehr Zeit zu reifen und zu wachsen. Schon als kleine Kinder haben wir unzählige Glaubenssätze, Denkhaltungen, Überzeugungen eingepflanzt bekommen, die sich im Lauf der Zeit sicher überholt hätten – wären wir uns nur dessen bewusst, was wir da mit uns herumschleppen, um es auszusortieren oder zumindest neu zu überdenken.

Der Buchmarkt ist voll von Lehrbüchern über gewinnbringendes Wünschen, Bestellungen im Kosmos, allerlei Klopftechniken und Merksätzen, um Überholtes aus dem Gedankengut zu verbannen. Da gibt es Nachschlagewerke über die tiefere Bedeutung von Krankheitssymptomen und dazu passende Neuformulierungen, die unser Gehirn grundreinigen, sauberwaschen und hochglanzimprägnieren sollen. Eine tolle Sache, sie hat nur einen Haken: Wir sind keine Autos.

Umformulierte Glaubenssätze, positive Affirmationen also, sind im Vergleich zu solide gewachsenen Wurzeln recht zartes

Gemüse. Es reicht eben nicht, nur ***bemüht*** positiv zu denken. Das wäre ein ungleicher Kampf zwischen Kopfschwingung und Bauchschwingung – und erinnern Sie sich an den alten Hermes Trismegistos und die hermetischen Schriften: Da gab es noch ein paar mehr Gesetze und Wirkungen ... Wir müssen tatsächlich **verinnerlichen**, was da abläuft. Auch unser Unterbewusstsein muss daran glauben können. Ganz platt gesagt: Wenn ich mit 300 Kilo Lebendgewicht die Waage sprenge, mich vor den Spiegel stelle und mir brav vorbete: „Ich bin schlank" – dann lacht mein Unterbewusstsein Tränen und denkt: „Nee, is' klar – und blind ist die Dicke jetzt auch noch."

Eine Affirmation kann nur funktionieren, wenn auch mein Unterbewusstsein damit einverstanden ist und mir der Merksatz nicht noch mehr Stress verursacht. Ich brauche also eine Formulierung wie: „Ich erlaube mir schlanker zu

*Die **Affirmation** (lateinisch affirmatiõ für „Versicherung, Beteuerung") ist eine wertende Eigenschaft für prozedurale, kognitive oder logische Entitäten, die mit „Bejahung", „Zustimmung", „positiver Wertung" oder „Zuordnung" beschrieben werden kann. Vereinfacht ausgedrückt bedeutet Affirmation, dass eine Aussage, Situation oder Handlung positiv bewertet wird. Im sprachwissenschaftlichen Sinne bezeichnet Affirmation die Behauptung oder Bejahung einer Aussage. Die affirmative Form eines Wortes oder Satzes ist das Gegenteil zur Negation.*

(Quelle: Wikipedia)

werden", oder „Ich nehme jeden Tag ein bisschen mehr ab." Und vor allem: **„Ich liebe und akzeptiere mich so, wie ich bin." Das ist der Satz aller Sätze.**

Die Frage ist ja vor allem: Was ist da passiert – was versuche ich durch Essen zu kompensieren, wieso bewege ich mich nicht genug? Versuche ich etwa, mir durch mein Gewicht ein dickes Fell anzuziehen? Geht es in Wirklichkeit also um Selbstschutz? Gäbe es vielleicht andere Strategien, die mir dienlicher wären?

Wenn sich ein Zustand nicht ändert, den wir gern anders hätten, gibt es in der Regel einen „heimlichen Gewinn". Das heißt, ein innerer Anteil bremst uns aus, blockiert die Veränderung auf der unterbewussten Ebene, weil wir insgeheim einen Vorteil daraus ziehen, dass etwas genauso bleibt, wie es ist.

Die 300 kg Frau erlebt es vielleicht als Vorteil, dass sie in Ruhe gelassen wird. Vordergründig mag da Einsamkeit sein oder eine Sehnsucht nach Nähe – aber tief im Inneren versteckt sich vielleicht eine Angst vor Verletzung. So wird die Leibesfülle zum perfekten Abwehrmechanismus.

Der Dame, die sich nach Kräften über den mülleimerleerenden, verfressenen Hund aufregt, tut es insgeheim vielleicht gut, auf diese Art Dampf ablassen zu können, ohne sich dafür schämen zu müssen. Sie fühlt sich in ihrer Opferrolle als leidenswillige und zähe Hausfrau bestätigt, die gegen Windmühlen kämpft, sich dennoch nicht unterkriegen lässt und immer wieder aufsteht. Aber was würde passieren, wenn sie stattdessen mit einem Ausdauersport anfinge, der ihr auch noch Spaß macht? Wie würde sich daraufhin der Hund verändern? Ja, wie nur ...?

Darum ist es so wichtig, sich diese Dinge bewusst zu machen, sie an die Oberfläche zu holen und zu bearbeiten. Dafür brauchen wir keine jahrelange Psychoanalyse. Wir müssen auch nicht alles mit dem Kopf „zerdenken". **Uns mit all unsren Irrungen und Wirrungen anzunehmen, so wie wir sind. Darum geht es.** Durch unsere Vierbeiner werden wir mal zart, mal nachdrücklich darauf aufmerksam gemacht, dass wir versuchen, irgendwas unter den Teppich zu kehren, was uns auf Dauer nicht guttut.

Kampf dem inneren Schweinehund!

Ja, ich weiß – es drückt und Ihr innerer Schweinehund bereut beinahe schon den Kauf dieses Buches. Das soll ein Hundebuch sein? Da geht es ja fast nur um den Menschen! Und diese ständigen Hausaufgaben, Gedankenreisen und Merksätze arten in Arbeit aus!

An dieser Stelle komme ich noch einmal dezent auf meine Ursprungsthese zurück: Wenn Sie einen glücklichen Hund wollen, müssen Sie an sich arbeiten! Positiv ausgedrückt: Indem Sie anfangen, anders zu denken und sich mit sich selbst auseinanderzusetzen, schaffen Sie beste Voraussetzungen dafür, dass Ihr Hund sich super fühlt – und benimmt.

Einzig der innere Schweinehund möchte, dass alles so bleibt, wie es ist. Also: Wer ist Ihnen lieber? Der Schweinehund oder der andere im Körbchen? Kennen Sie einen einzigen Hund, der darüber grübelt, ob er zu dick oder zu dünn ist? Hässlich oder schön? Schnell genug? Tapfer genug? Stellt er infrage, ob Sie es sind? Er liebt Sie so, wie Sie sind – in guten wie in schlechten Tagen, unbeirrbar, treu, loyal, bedingungslos. Unsere Hunde kritisieren nicht, ob wir schlecht drauf sind und warum, ob es gerecht ist oder nicht, wie wir sie behandeln.

Das alles enthebt uns erst recht nicht unserer Verantwortung diesen wundervollen Wesen gegenüber. Aber vielleicht kön-

nen wir uns mal wieder eine Scheibe von unseren Hunden abschneiden, von ihnen lernen, wie man auch auf die Welt zugehen kann – und uns davon faszinieren lassen, wie die Welt zurückstrahlt, wenn da zum Beispiel so ein tollpatschiger kleiner Welpe fröhlich auf einen Griesgram zustolpert. Großartig, oder?

Albert Schweitzer hat einmal gesagt: „So sehr mich das Problem des Elends in der Welt beschäftigt, so verlor ich mich doch nie im Grübeln darüber, sondern hielt mich an dem Gedanken, dass es jedem von uns verliehen sei, etwas von diesem Elend zum Aufhören zu bringen." Und wie wunderbar ist es doch, wenn wir damit nicht weiter als bis zu unserer eigenen (Keller)tür laufen müssen.

Dazu passt die folgende Geschichte von Astrid aus Bayern: „*Es gab vor einigen Jahren ein ganz besonderes Erlebnis, das mir die Augen geöffnet hat. Zu jener Zeit war mein Leben voll von Verpflichtungen, die es einzuhalten galt. Ich stand sehr unter Anspannung. An jenem Tag durfte ich mit meinem Pferd Celestino mal wieder einen ganz besonders innigen Moment erleben. Es gewitterte und regnete in Strömen und ich kam nur zum Putzen und Hallo-Sagen zu ihm an den Stall. Wir standen gemeinsam am Putzplatz, aber statt sich putzen zu lassen, legte er seinen Kopf in meine Arme, lehnte sich an mich und brachte mich dazu, so zu verweilen. Es waren lange Momente der innigsten Verbundenheit. So beflügelt und noch voller Liebe und Glück fuhr ich wieder nach Hause. Dort*

angekommen nahm ich gleich meine beiden Akita Inus an die Leine und ging mit ihnen im strömenden Regen spazieren. Mir lief das Wasser den Kopf herunter und ich marschierte mit den beiden unsere Hausrunde. Dann kam uns ein Mann mit seinem Hund entgegen. Zu jenem Zeitpunkt flippte Calimero üblicherweise beim Anblick dieses Hundes aus und sprang meist heftig nach vorne in die Leine, während Nelly sich damals noch vor allen Männern fürchtete und nur möglichst weit weg wollte.

An jenem Tag, an dem ich noch so erfüllt von der Verbundenheit mit meinem Pferd und voller innerem Frieden war, liefen beide Hunde mustergültig und offensichtlich auch voller Frieden an der lockeren Leine einfach an meiner Seite mit mir mit. Einfach so ... meine beiden Hunde waren in einer Situation ganz locker und entspannt, die mir zu jener Zeit häufig den Schweiß in die Poren trieb. Heute weiß ich, dass in der Vergangenheit unter anderem meine Emotionen in jenen Konfliktsituationen maßgeblich das Verhalten meines Rüden gefestigt hatten. Inzwischen konnten wir diesen Teufelskreis verlassen. Ich kann das Spazierengehen mit meinen Hunden wieder genießen, genau wie die regelmäßigen Momente dieser besonderen spürbaren Verbundenheit mit meinem Pferd."

Manchmal sind es Kleinigkeiten, manchmal auch große Veränderungen, die unsere Hunde uns aufzeigen. Ein weiteres Beispiel dafür, dass manche Knoten ganz von alleine platzen, ist Motte, eine süße, quirlige Mischlingsdame, die zu Kathrins Hundegruppe gehört. Seit geraumer Zeit wirkte sie auf Kathrins Mutter unglücklich, fast schon depressiv: *„Da wir im gleichen Haus wohnen, konnte ich bei Motte eine enorme Veränderung beobachten. Sie wirkt genauso traurig wie Kathrin. Ich sehe regelrecht, wie dieser kleine Hund mit Kathrin leidet. Es spiegelt sich absolut die Traurigkeit und Unsicherheit vor der Zukunft in diesem kleinen Hund wieder. Motte geht mit gebeugtem Haupt und langsamen Schritten in den Garten. Keine lustigen Sprünge oder Schwanzwedeln, wenn ich sie anspreche. Da wo Kathrin ist, ist auch Motte. Sie liegt zwar auch auf ihrer Lieblingsliege im Garten, ist aber dabei immer aufmerksam und nie so entspannt wie sonst. Die beiden sind irgendwie deutlich seelenverwandt und daher kann ich diese Veränderung nur bei ihr erkennen. Die beiden anderen Hunde, Pino und Emil, sind so wie immer. Bis jetzt jedenfalls."*

Gesundheitlich war übrigens alles tipptopp. Nur das Gemüt ... Wie sich herausstellte, schwelte ein Konflikt in der Beziehung. Kathrins Partnerschaft, die nach außen so harmonisch wirkte, bröckelte. So lange Frauchen die Entscheidung sich zu trennen vor sich herschob, ging es Motte zusehends schlechter. Sie litt „wie ein Tier". Und als endlich das klärende Gespräch geführt war, der Lebensgefährte in aller Freundschaft seine Sachen gepackt hatte und ausgezogen war – war Motte von einer Minute zur anderen wie ausgewechselt: viel ruhiger, ausgeglichener und vor allem endlich wieder fröhlich.

Lösungsmöglichkeiten für die etwas schwierigeren Fälle

Was aber ist zu tun, wenn es nicht ganz so offensichtlich ist, wie man das Kind wieder aus dem Brunnen bekommt – oder den Hund aus dem Teufelskreis der Symptome? Spätestens seit Schneewittchen wissen wir: Spiegel sagen immer die Wahrheit. Und spätestens seit Shrek wissen wir, das bekommt ihnen nicht immer gut. Was also können wir tun für das Wohl unserer zauberhaften, vierbeinigen „Spiegel"?

Vieles können wir selbst aufspüren und lösen. Manchmal aber finden wir einfach nicht heraus, worin die Ursache besteht – oder wie wir sie abstellen können. Es entsteht ein diffuses Gefühl davon, dass die Sache wohl etwas mit einem selbst zu tun hat, man aber beim besten Willen nicht weiß, was dahintersteckt und wie man es abstellen kann. Was dann? Wenn wir den Wald vor lauter Bäumen nicht sehen und alles nur verworren erscheint?

Hilfreiche Unterstützung beim Augenöffnen können Homöopathie, Tierkommunikation oder Bachblüten bieten. Kinesiologische Sitzungen, zum Beispiel das BodyTalkSystem™ oder Three-in-One-Concepts® gehen sehr in die Tiefe der Psyche und wirken auf Seelenebene, genau wie die Systemische Therapie in Form von Aufstellungen oder ähnlichen Vorgehensweisen. Wenn ich Ihnen in dieser Hinsicht raten darf: Begeben Sie sich und Ihr Haustier nur in erfahrene, auf die jeweilige Therapieform spezialisierte Hände. Mundpropaganda und wieder einmal Ihr eigenes Bauchgehirn sind gute Ratgeber bei der Wahl des geeigneten Mittels und des richtigen Therapeuten, der Sie im Prozess begleiten soll. Die meisten von uns haben ein hervorragendes Bauchgefühl, was ihren Hund angeht. Ich kann Ihnen nur wünschen, dass Sie lernen, darauf zu vertrauen und es nicht als Einbildung abtun. Das wäre so schade ...

Nur weil ein Tier groß ist, heißt das noch lange nicht, dass es keine Freundlichkeit braucht; auch wenn Tigger größer wirkt als Roo, braucht er doch genauso viel Freundlichkeit.

A. A. Milne, Pu der Bär

Fünf Sinne und ein sechster

*Unterschätze nicht,
wie wertvoll es ist,
nichts zu tun, einfach
dahinzuschlendern und
all den Dingen zuzuhören,
die du nicht hören
kannst, und sich nicht
zu ärgern.*

A. A. Milne, Pu der Bär

„Viele Menschen reden mit Tieren, aber nur wenige hören ihnen zu.“ Diesen Ausspruch hat nicht der Autor A. A. Milne seinem berühmten Winnie the Pooh ins Teddybärenmäulchen gelegt, sondern Benjamin Hoff, der viele Jahre später „Tao Te Puh“ schrieb, eine ideenreiche und wunderbare Einführung in den philosophischen Taoismus mit Hilfe von Milnes Figuren.

In diesem Satz steckt für mich so viel Wahrheit. Wie oft hören wir in Tierarztpraxen den Stoßseufzer: „Ach, wenn er doch nur sprechen könnte, mir sagen, was ihm fehlt ...!“ Kann er ja. Nur hört eben selten jemand einer Fellnase wirklich zu.

Spüren, was Hunde sagen

Nehmen wir nur mal an, Hunde könnten uns tatsächlich mitteilen, was sie fühlen, empfinden, womöglich sogar denken ... Wenn Sie sich nicht darauf einlassen wollen – auch gut –, überspringen Sie gern dieses Kapitel oder besser noch: Lesen Sie's, schütteln Sie den Kopf und dann lesen Sie weiter, als wäre nichts geschehen.

TIERKOMMUNIKATION

Hier geht es um Patches, 30 cm geballte Lebensfreude. Zu Frauchens großer Panik schießt er am liebsten quer zur Auffahrt aus dem Gebüsch vor den Wagen. Spaß haben bedeutet für ihn Extremsport: Autos jagen und gejagt werden. Im Interview würde er Folgendes zu Protokoll geben – so wie er die Welt sieht: *„Ich will ihr gern vermitteln, dass Ausgelassensein und Spaßhaben auch Teil ihres Lebens sein kann, wieso denn nicht? Immer so verbissen und ernst, sie kann auch anders, das geht auch mal ohne Rahmen. Vielleicht können wir ja mal zusammen jagen gehen? Licht ist cool, Glühwürmchen, Taschenlampenkegel, alles Mögliche. Bin auch für Gegenreize empfänglich, klar, wenn sie was Besseres bietet?! Ansonsten bespaße ich mich selbst. Das macht mir Freude, wer macht mit? Ich brauche das, muss mich auspowern und toben und spielen bis zum Umfallen. Sie braucht diese Lebendigkeit auch. Tut ihr gut, tut allen hier gut, hier fehlt immer ein wenig Leben und Schwung und Energie. Das müssen wir uns herholen, dann lässt das andere auch wieder nach. Also: Was spielen wir jetzt?"*

Vergessen Sie für einen Moment, ob Sie es verstandesmäßig für möglich halten, dass ein Hund so etwas übermitteln könnte – auf welchen Wegen auch immer. Ich habe dieses „Interview" tatsächlich im Auftrag der Hundehalterin geführt und sie mit dem Ergebnis konfrontiert. Ihre Einschätzung: Die Aussage sei bestechend nah an ihrer Lebenswelt, das bestätigte sie mir. Ich weiß nicht, was sie daraufhin verändert hat oder ob meine Erklärungen an den kleinen Racker, mein Schimpfen und die bildhafte Warnung vor den Gefahren seines Freizeitvergnügens genügten – ganz nebenbei erfuhr ich ein paar Wochen später, Patches habe seit meiner Kommunikation mit ihm nie wieder ihrem Auto aufgelauert oder andere gejagt. Bis heute! Zufall?

Sie kennen ja mein kleines Berufsgeheimnis längst. Manchmal werde ich also tatsächlich darum gebeten, mit einem Hund wortwörtlich zu reden. In meiner Funktion als Tierdolmetscherin gehe ich einen Schritt weiter als die meisten Hundetrainer oder Tierpsychologen. Mein Augenmerk liegt nicht auf Körpersprache und Verhaltensweisen. Erziehung oder Prägung meiner vierbeinigen Klienten sind für mich eher nebensächlich. Ich nehme auf, was den Hund gedanklich – emotional, mental – bewegt. Ich höre zu und gebe weiter. Ich schreibe alles auf.

Das ist der erste Schritt für Veränderung, manchmal sogar für Heilung – er setzt immer die Bereitschaft des Halters voraus, sich mit der Lebenswelt seines Hundekameraden auseinanderzusetzen. Die Dinge aus seiner Perspektive zu betrachten, und diese Hundesicht so ernst zu nehmen, dass der Mensch nötigenfalls Veränderung ermöglicht und praktisch umsetzt. Ich verstehe mich als Übersetzerin, manchmal auch als Mittlerin, als Mediatorin. Tierkommunikation macht nicht alles möglich, aber einiges.

Jeder kann seinen sechsten Sinn trainieren. Natürlich kennen auch Sie diese Momente, in denen Sie Ihren Hund nur anzuschauen brauchen und genau wissen, was er gerade denkt. Oder das Telefon klingelt und Sie wissen schon vor dem Abheben, wer dran ist. Oder kennen Sie die Geschichte des Hundes, der in der Ferienbetreuung just an dem Tag aufhörte zu fressen, als sein Frauchen mit Herzinfarkt ins Krankenhaus eingeliefert wurde. Alles Zufall?

Der englische Verhaltensforscher und Biologe Rupert Sheldrake hat erforscht und empirisch durch zahlreiche Studien belegt, dass Hunde ebenso einen sechsten Sinn haben wie wir Menschen, nur dass der ihre weit präziser ist. Außerdem stehen wir mit unseren Tieren in einer direkten Herzensverbindung. Sie bilden es sich nicht ein, Ihr Haustier weiß tatsächlich, ob Sie traurig sind (und worüber!). Der Hund weiß verlässlich, wann Herrchen nach Hause kommt und wird unruhig, sobald dieser das Büro abschließt, und zwar unabhängig von Wochentag und Uhrzeit. So verlässlich, dass Frauchen

Die meisten Hunde spüren, wann wir nach Hause kommen.

sich mit dem Einschalten der Kaffeemaschine danach richten kann und nie danebenliegt.

Wir alle haben so einen sechsten Sinn. Jeder von uns kennt ähnliche Phänomene: Das Gefühl, den Routinetermin beim Tierarzt ganz dringend nach vorne ziehen zu „müssen“ – wo dann tatsächlich eine akute und dringend behandlungsbedürftige Gebärmuttervereiterung entdeckt wird. Oder als kleine Aufmerksamkeit im Supermarkt doch noch die teuren Leckerlis mitzunehmen – und zu Hause viel überschwänglicher als sonst begrüßt zu werden, „als ob er bereits wüsste ...“

Um Missverständnissen vorzubeugen und es ganz deutlich zu machen: **Meine Art der Kommunikation ersetzt weder einen Tierarzt oder Tierheilpraktiker, noch eine Hundeschule oder einen Physiotherapeuten.** Ich kann keinem Hund das Jagen oder ein anderes unerwünschtes Verhalten abgewöhnen. Jagdverhalten ist ein natürlicher Instinkt. Der Hund ist ein Hund, kein intellektuelles Wesen. Wenn er etwas nicht will, dann will er nicht. Wohl aber kann ich herausbekommen, warum der Hund jagt. Aus Langeweile? Aus purer Abenteuerlust? Weil Herrchen sich während des täglich gleichen Spazierweges mehr für sein Handy oder die menschliche Begleitung interessiert, als mit der Aufmerksamkeit bei seinem Hund zu sein? Oder wie bei Patches, der mit seinem Verhalten seinen Menschen gespiegelt und so aufgezeigt hat, wo es bei ihm fehlte, nämlich an (aus)gelebter Lebensfreude und Energie. So bekommt Mensch durch das Zuhören Hausaufgaben. Das ist die Chance auf Veränderung für beide Seiten.

Oft genügt es tatsächlich, wenn unsere Tiere einmal wirklich gesehen beziehungsweise gehört werden. Wenn sie ihr

Herz ausschütten, ihre Sicht der Dinge dem Menschen verständlich machen können. Wer möchte das nicht?

Eine Verhaltensänderung kann ich nicht erzwingen, sie kann nur aus Absichtslosigkeit im taoistischen Sinn und aus tiefem Mitgefühl heraus erfolgen.

Wie du es machst, ist es verkehrt!

Es gibt auch unliebsame Wahrheiten, die sich hinter so genannten klassischen **Double Bind Botschaften** verstecken. Unter Double Bind Botschaften versteht man, wenn eine Person gleichzeitig zwei widersprüchliche Botschaften an eine andere Person sendet. Dazu ein weiteres Beispiel: Die Familie des Mischlingsrüden Herkules rief mich ganz verzweifelt an, weil der Hund die Nachbarin inzwischen nicht mehr nur wütend verbellt, sondern auch schon heftig in die Wade gezwickt hatte, als die ein entgegengenommenes Päckchen abholen wollte. Er sei doch sonst so friedlich, man konnte es sich nicht erklären und bat um meine Dienste als Tierkommunikatorin. Also versetzte ich mich – ganz ähnlich wie in unserer ersten Gedankenreise – in den Rüden hinein und erspürte ganz direkt, was in ihm vorging. Nun, Herkules wurde sehr deutlich und dabei kam höchst Überraschendes heraus. Ich notierte: *„Keiner hier kann sie leiden. Ich bin der einzige, der sich traut, das auch offen zu zeigen. Ich mache sie also, die Drecksarbeit, das ist wohl mein Job. Und dann werde ich dafür auch noch geschimpft. Was wollen die eigentlich?“* Beschämt gaben seine Menschen zu, dass man natürlich höflich und gesittet miteinander umginge, insgeheim aber auch auf Menschenseite tatsächlich wenig Sympathie für die Dame hegte.

Ein befreundeter Hundetrainer berichtete mir von einem Fall, bei dem der Familienhund regelmäßig Herrchen bedrohte und nicht ins Ehebett lassen wollte. Es stellte sich heraus, dass die Dame des Hauses das Herrchen insgeheim auch gern „wegbeißen“ würde.

Hunde spüren genau, wenn wir Menschen andere mögen – oder auch nicht.

Meine Lieblingsgeschichte zu diesem Thema aber ist die folgende: Bei einer Party beobachtete mein Freund die außergewöhnliche Reaktion eines Dalmatiners auf einen ihm völlig fremden Gast. Eben noch hatte der Hund tiefenentspannt, den Kopf auf dem Schoß seines in Gespräche vertieften Frauchens auf dem Sofa gelegen. Ein neuer Gast betrat den Raum, und während sein Frauchen davon keine Notiz nahm und sich ohne äußere Reaktion weiter unterhielt, richtete sich der Dalmatiner auf und begann den Fremden mit gesträubtem Fell anzuknurren. Der Hund kannte weder den Mann noch umgekehrt. Allerdings stellte sich auf Nachfrage heraus, dass das Frauchen den Mann sehr wohl kannte – es war ihr Exfreund, und sie waren einander nicht länger besonders wohlgesonnen.

Unsere Hunde schnappen also unsere unbewussten, heimlichen Gefühle auf und setzen sie quasi in die Tat um. **Sie reagieren unbeirrbar und ehrlich auf unsere ach so sorgsam versteckten Emotionen.** Und wie wird das Ganze zur tragischen Double Bind Botschaft? Indem der Mensch tapfer weiter versucht, das Gesicht zu wahren und den Hund für dessen hundertprozentig richtig erspürte Wahrheit Lügen (be)straft: „Ich weiß gar nicht, was er hat." „Hör sofort auf, böser Hund!" Dabei sind wir es, die nicht kongruent sind, die bigott und heuchlerisch das eine sagen, das andere aber denken oder fühlen. Und egal, was der arme Hund dann tut, er kann es nur verkehrt machen.

Double Bind Botschaften entstehen auch durch widersprüchliche Körpersprache und Stimmlage bei uns Menschen. Der Klassiker? Haben Sie schon mal Menschen am Feldrand gesehen, die ihren Hund rufen, nachdem er ungeplant alleine losgestürmt ist, um einer Krähe hinterherzujagen oder einen anderen Hund zu begrüßen? In schlimmster Feldmarschalltonlage, mit Donnergrollen in der Stimme und wahlweise in die Hüften gestemmten oder drohend erhobenen Armen bauen sie sich vor dem Hund auf, der bereits in Demutshaltung, Lippen leckend und mit eingezogener Rute näher kriecht. Stimme und Haltung seines Menschen signalisieren also mehr als deutlich: „Bleib mir bloß weg, nichtsnutziger Köter!" Die Worte aber sagen: „Komm hierher! Jetzt!" Was würden Sie tun, als Hund? Ich würde meine vier Beine in die Hand nehmen und laufen ... **Aber wie man's macht, ist es verkehrt.** Unsere menschliche Körpersprache ist voller missverständlicher und widersprüchlicher Aussagen. Die meisten Hunde lernen mit der Zeit, uns trotzdem zu vertrauen und uns zu lesen. Auch wenn wir uns – in Hundesprache eindeutig massiv bedrohlich – direkt von oben über ihn beugen, um ihn zu streicheln, statt in die Hocke zu gehen und ihm auf Augenhöhe zu begegnen. Wenn wir ihn umarmen und umklammern, wie es unter Hunden nur in massiven Rangeleien geschieht, statt ihm Luft zu lassen. Wenn wir an der Leine ziehen, um unseren Hund zu bremsen, und nicht um ein spaßiges Kräftemessen einzuläuten und vieles mehr. Hunde müssen so viel über ihre Menschen lernen ... und zum Glück haben sie oft mehr Geduld mit uns als wir umgekehrt mit ihnen.

Kommen wir noch einmal zurück zur telepathischen Tierkommunikation. Ich glaube nicht an Zufälle. Ich glaube an das, was die moderne Hirnforschung bestätigt, nämlich dass unser Gehirn zu fantastischen Leistungen fähig ist, enorme Flächen scheinbar brach liegen und wir Areale, die wir häufig benutzen, zu wahren Datenautobahnen trainieren können. Vielleicht ist es eine Art Inselbegabung. Manche Menschen können erstaunlich gut rechnen, andere perfektionieren ihr Gedächtnis. Ich kann also Tiere verstehen. Ich bin nicht die einzige. Die Autistin Dr. Temple Grandin ist Expertin auf dem Gebiet der Verhaltensbiologie der Nutztiere und hat die US-amerikanische Viehhaltung revolutioniert, indem sie sich in die Tiere und ihre Bedürfnisse hineinversetzte und Ställe wie auch Transportwege nach ihren Vorgaben gestaltet wurden. Das Denken in Bildern und die größere sensorische Empfindsamkeit unterscheidet nach Grandins Auffassung Autisten von Nicht-Autisten – vielleicht auch Tierversteher von Nicht-Verstehern?

Die Wissenschaftlerin Dr. Temple Grandin hat die US-amerikanische Viehhaltung verbessert, indem sie sich in die Tiere und ihre Bedürfnisse hineinversetzte.

Gedanken teilen

Aber ganz egal, ob Sie nun eine Art telepathische Verbindung zwischen Mensch und Tier für möglich halten oder nicht – für mich ist eine funktionierende Kommunikation vor allem eine Frage des Fokus. Energie folgt der Aufmerksamkeit. Und daran hapert es für mich in den meisten Mensch-Hund-Beziehungen gewaltig. Entsetzlich oft beobachte ich, wie leicht wir Menschen uns ablenken lassen – und das ist die eine Sekunde, in der es dem Hund langweilig wird und er sich eigene Abwechslung sucht: Vögel jagen, pöbeln, Kartoffeln stoppeln – je nach Veranlagung und Laune.

Ein leinenloser Hund bleibt stehen oder geht stiften und erst 50 Meter später merkt es der Mensch und dreht sich suchend um. Wie oft sind wir aus reiner Lethargie inkonsequent? Weil es anstrengend wäre, uns mit dem Tier tatsächlich auseinanderzusetzen, uns vom Sofa zu erheben oder einfach nur mal aus dem gewohnten Trott mit dem Hund auszubrechen, unser eigenes Tun zu hinterfragen, Dinge zu verändern ...?

Will ich also wahrhaftig (was für ein schönes Wort!) wissen, wie es meinem Tier geht, was in meinem Hund vorgeht? Oder ist mir das zu unbequem, zu konsequenzlastig? Denn was tue ich, wenn ein Hund sich etwas von mir wünscht – eine Verhaltensänderung, eine Haltungsänderung im doppelten Wortsinn? Etwas, das tatsächlich von mir fordert, dass ich den inneren Schweinehund überwinde und etwas anders mache? Oft genug packen uns unsere Vierbeiner bei den hausgemachten ureigenen Lebenslügen.

Eine indianische Weisheit besagt: Beurteile keinen Menschen, bevor du nicht hundert Schritte in seinen Schuhen gegangen bist. Lassen wir das doch auch für unsere Haustiere gelten. Es braucht keine Telepathie, keine hundert Schritte, nur ein bisschen guten Willen, sich in seinen Hund einzufühlen, hinzuschauen, das Tier wahrzunehmen in seiner Einzigartigkeit und zu erspüren, was es wirklich braucht, jetzt und hier.

Zu hinterfragen, was eine Auffälligkeit mit uns selbst zu tun hat, und eine gewisse Gelassenheit an den Tag zu legen für die kleinen und großen Marotten, die die Vierbeiner so – und niemals ohne Grund – an den Tag legen.

Tierkommunikation nimmt mir meine Verantwortung dem Hund gegenüber nicht ab. Vielleicht ist sogar das Gegenteil der Fall. Und nein, mein Hund hört nicht besser oder schlechter als andere auch. Aber da wir „miteinander reden können", muss ich mich auch nicht ständig meiner Autorität versichern. Ich erziehe meinen Hund – und ich begreife ihn umgekehrt als meinen Coach, der genau reflektiert und projiziert, wie ich mit ihm umgehe. ***Miteinander*** oder nebeneinander her – das ist für mich eine Grundsatzfrage. Miteinander bedeutet für mich, dass ich mich für meinen Gefährten interessiere, seine Bedürfnisse nicht aus Egoismus, Bequemlichkeit oder Achtlosigkeit vernachlässige. Da mache ich keinen Unterschied zwischen Zwei- und Vierbeinern.

Der Blickwinkel verschiebt sich. Die Weltsicht auch. Und das wird so selbstverständlich, dass es mir manchmal gar nicht mehr auffällt. So wie an jenem Abend, als eine blinde Hündin, mit der ich

manchmal meine Abendrunden drehte, ganz direkt auf mein bildliches Denken reagierte. Ich meinte, eine Sekunde zu spät an eine Frühwarnung für ein unvorhergesehenes Hindernis gedacht zu haben. Doch bevor ich den Mund aufmachen konnte, im Kopf bereits die Kollision, wich sie erstaunlich zielsicher aus. Als hätte sie gesehen, was ich sah, durch meine Augen. Da erst wurde mir bewusst, dass wir seit unserem Kennenlernen ja genau das taten: Auf ihr Handicap eingestellt sandte ich ihr ständig Bilder unseres Weges: hier der Bordstein, da die Laterne, der Baum, das geparkte Auto. Sie reagierte immer darauf – es funktionierte, solange ich bei der Sache blieb. Das war perfektes Fokustraining im Alltag ...

Wortlose Kommunikation per Gedankenübertragung kann blinden Hunden helfen, sich besser zu orientieren.

Natürlich ist mir bewusst, dass dies nicht die einzige Erklärung für derlei Phänomene ist. Unser aller sechster Sinn existiert nicht im luftleeren Raum, losgelöst von den anderen. Immer handelt es sich um ein Zusammenspiel dessen, was wir wissen, was wir können, was wir mit den anderen fünf Sinnen erfahren. Und auf keine Wahrnehmungsart möchte ich verzichten, denn so verstehe ich Ganzheitlichkeit.

Tieferes Verstehen. Darum geht es für mich, das ist mein Ansatz. Und natürlich geht es auch um praktische Hilfestellung. Wie oft bin ich der letzte Strohhalm, weil der Tierarzt nichts findet, der Tierpsychologe oder Trainer nicht weiterkommt. „Man müsste ihn fragen können." Nein, man muss ihn fragen wollen! Und man muss vor allem auch die Antwort hören wollen! Da sitzen die meisten unserer versteckten Ängste. Die stärkste Grenze einer solchen Tierkommunikation ist wohl schlicht der Mensch. Dazu fällt mir das Schreiben einer Halterin ein, die so dringend wissen wollte, warum die Rassehündin denn einfach nicht aufnehmen wolle – zum vierten Mal besamt und wieder nichts ... Ich habe zurückgefragt, warum der Hund denn unbedingt tragend werden müsse, und was die Konsequenz wäre für das Tier, wenn in der Kommunikation herauskommen sollte, dass es nicht wolle, warum auch immer? Zwischen den Zeilen habe ich (so diplomatisch ich konnte) in den Raum gestellt, ob das Thema Schwangerschaft und Kinderwunsch vielleicht auch etwas mit einer womöglich unerfüllten Sehnsucht Frauchens zu tun haben könnte ...

Ich erhielt keinen Auftrag, nicht einmal mehr eine Antwort. Vermutlich hätte meine Kontaktaufnahme zu der Hündin auch nicht das Gewünschte bewirkt.

Im Bekanntenkreis wurde mir eine ganz ähnliche Geschichte berichtet. Da versuchte ein Paar verzweifelt und jahrelang, Eltern zu werden. Als alle Versuche erfolglos blieben, schafften sie sich eine Hündin an, mit dem erklärten Ziel zu züchten. Erraten Sie, wie es weiterging? Es wurde nichts, die Hündin nahm niemals auf und blieb ebenfalls ohne Nachwuchs. Die meisten Hunde äußern sehr klar, wo es wehtut, woher ihr Verhalten kommt oder was ihnen guttut. Auch wenn eine Kommunikation niemals eine Behandlung ersetzt – oft kann sie einen entscheidenden Hinweis liefern, der manchmal sogar Leben rettet.

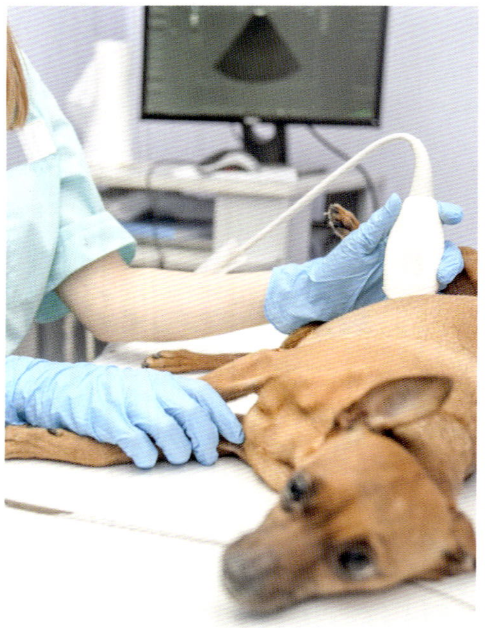

Aber sind wir auch dann noch aufnahmebereit, wenn es an die eigene Persönlichkeit geht? Wenn der Hund mitteilt, dass er nicht so lang allein bleiben möchte, dass der Zigarettenrauch stinkt, Herrchen immer soooo lang paralysiert auf dem Sofa sitzt und in einen Flimmerkasten starrt, Frauchen ständig arbeitet und sich einfach nicht zum Spielen auffordern lässt. Wenn herauskommt, dass der teure Zuchthund Ausstellungen furchtbar findet und lieber Schafe hüten würde – wenn Themen wie Partnerersatz oder unerfüllter Kinderwunsch deutlich zu Tage treten?

Noch einmal: Ob man Telepathie nun für möglich hält oder nicht, die meisten Wünsche unserer Tiere sind in Wirklichkeit ganz einfach zu befriedigen. Wenn wir uns und unseren eigenen Bedürfnissen nur nicht selbst so im Weg stehen würden ... **Hören wir doch unseren Hunden zu, sie meinen es gut mit uns!**

So eine Geschichte hat auch Nicole erlebt, eine ehemalige Schülerin von mir: „*Aron kam ganz unerwartet zu uns. Eine Anzeige vom Tierschutz in der Zeitung, mein Mann war sofort in den Hund verliebt und zwei Tage später hatten wir ihn. Polizeilich beschlagnahmt, sieben Wochen Tierheim und davor Bretterverschlag – so kam er*

Häufig werden eigene Wünsche und Vorstellungen auf den Hund projiziert.

vierjährig und roh wie ein Welpe zu uns. Das war ein schweres Stück Arbeit für alle Beteiligten, da Aron nichts kannte und mit uns und seiner Umwelt völlig überfordert war. Es war geplant, dass mein Mann sich hauptsächlich um den Auslauf kümmert. Ein Schlittenhund mit vier Jahren Nachholbedarf ist Power pur. Dann veränderte sich mein Mann beruflich, hatte nicht mehr die Zeit und somit war ich gefragt. Ich fühlte mich überfordert, denn der Tag hatte für mich ohnehin schon zu wenige Stunden. Ich war sauer, weil eigentlich mein Mann die treibende Kraft bei der Hundeentscheidung gewesen war, und nun hatte doch ich wieder alles am Hals. Es tat mir zwar leid, aber ich konnte nicht anders. Ich hatte auch ein ziemlich schlechtes Gewissen Aron gegenüber, weil ich wusste, dass er mit Sicherheit spürte, dass er mir quasi zur Last fiel (hart ausgedrückt).

Irgendwie fing Aron an, sich zu verändern. Er machte so einen zurückhaltenden, traurigen Eindruck. Ich merkte, dass das mit mir zusammenhing und mit meiner Haltung ihm gegenüber, konnte aber nicht aus meiner Haut. Auf das Naheliegendste kam ich natürlich nicht – bis mein Mann meinte, ob ich nicht mal mit ihm kommunizieren wolle. Ach ja, ein super Rat! Allerdings konnte ich nicht mit Aron reden. Ich hatte echt Bammel vor dem, was ich da zu hören bekäme (so viel schlechtes Gewissen!). So fragte ich eine Kollegin um Hilfe. Ich bat sie, Aron zu fragen, wie es ihm gehe und ob ich ihm helfen könne. Aron übermittelte ihr: ‚Sie soll sich nicht so stressen. Dafür gibt es überhaupt keinen Grund. Ich bin so glücklich und zufrieden, dass ich bei ihnen sein darf. Mir geht es so gut wie niemals zuvor. Ich möchte hier einfach nur sein, mehr brauche ich nicht.‘ Ich war so gerührt über diese Worte. Mir kullerten die Tränen und ich merkte, wie sich mein innerer Knoten löste und meine Abwehr wie ein Kartenhaus in sich zusammenfiel. Plötzlich war mein Stressgefühl wie weggeblasen. Seitdem haben wir wieder einen vergnügten und ausgelassenen Hund und alles ist ganz entspannt – und funktioniert. Ich bin jeden Tag dankbar für den tollen Hund, der uns damals so ganz unvorbereitet ins Haus geschneit kam.“

HOMÖOPATHIE, BACHBLÜTEN UND CO

Immer mehr Tierärzte setzen in ihrer Arbeit Schwerpunkte, und damit meine ich nicht nur die Spezialisierung auf Augen, Zähne oder Chiropraktik. Alternative Behandlungsformen halten Einzug in so manche Tierarztpraxis, weil die Schulmedizin zwar vieles, aber eben nicht alles kurieren kann. Dennoch macht es einen Unterschied, ob ich mein Tier von jemandem behandeln lasse, der Akupunktur unter „ferner liefen" anbietet – oder von jemandem, der sich der traditionellen chinesischen Medizin voll und ganz verschrieben hat. Der TCM mit ihrer Fünf-Elemente-Lehre liegt ein ganz anderes Denken zugrunde als unserer westlichen Medizin. Hier sollen keine Symptome einzeln für sich behandelt werden, sondern die dahinter liegende Ursache aufgespürt werden. Heilung wird als Lösen von Blockaden auf Meridianebene verstanden. Die hohe Schule ist es, den einen Punkt zu finden, der als Auslöser zugrunde liegt und letztlich alle Störungen in Gang gesetzt hat. Wer einen „Kopfschmerzpunkt" nadelt oder nach stereotypem Lehrbuchmuster die immer gleichen Akupunkturpunkte setzt und nach von vornherein festgesetztem Zeitfenster Nadeln zieht, der hat das Prinzip nicht verstanden. Er mag eine kurzfristige Linderung erreichen, aber das Symptom wird zwangsläufig zurückkommen oder sich in einen anderen Bereich verschieben. Auf lange Sicht geht das ebenso nach hinten los, als ob Sie mit gepflegtem Halbwissen Globuli in sich hineinstopfen – denn was sollen kleine Milchzuckerkügelchen schon für Schaden anrichten? Na ja – fragen Sie dazu mal einen klassischen Homöopathen ...

Wenn Hund, Kind oder ich selbst irgendwo dagegen gerempelt sind oder bekannte Zipperlein sich melden, habe auch ich eine kleine homöopathische Hausapotheke und weiß, zu welchen Kügelchen ich greifen kann – aber alles andere gehört in fachkundige Hände. Ich persönlich habe mehr Vertrauen zu einer Tierärztin oder Tierheilpraktikerin, die ihre Schwerpunkte auf einige wenige, gern ergänzende Methoden gelegt hat, die sie dank kontinuierlicher Fortbildung auf dem neuesten Stand hält, statt in tausendundeinen Wochenendworkshop kurz hineingeschnuppert zu haben und ihr gepflegt gefährliches Halbwissen feilzubieten wie saure Milch. Oder wie sehen Sie das?

Gerade Homöopathie, Akupunktur oder Bioresonanz sind für mich Felder, die man nicht an drei Wochenenden erlernen kann – sondern in denen man sich über Jahre hinweg schult und Erfahrungen sammelt. Ein guter Tierarzt ist für mich nicht der, der meint, alles zu können, sondern der, der seine Kompetenzen kennt und mich an den Spezialisten weiter überweist – und sei es der oder die alternative Kollege/in.

Übrigens: Weil es ja hier um Resonanz und Spiegeln geht: Es ist effektiver, als Sie denken, wenn nicht nur Ihr Hund die Globuli oder Bachblüten bekommt. Überprüfen Sie doch einmal bei passender Gelegenheit, ob die Beschreibung des Mittels für Ihren Hund nicht auch irgendwie auf Sie zutrifft. Die Wirkung ist meist um einiges stärker, wenn Sie nach Rücksprache (!) mit dem Therapeuten unter Umständen ebenfalls dazu greifen. Und es kann ganz sicher nicht schaden, wenn Sie nicht nur Ihrem Hund auch vorbeugend eine osteopathische oder chiropraktorische Behandlung gönnen – sondern auch gleich für sich selbst einen Platz auf der Behandlungsliege reservieren!

NOMEN EST OMEN!

Auch das, was in unserem Kopf stattfindet, zumal es ausgesprochen wird, hat eine direkte Wirkung auf Gesundheit und Wohlbefinden von uns und unseren Tieren. Vieles entlarvt sich ganz direkt, denn Sprache gibt Aufschluss und wirkt auf ihre Weise: Da wird von „Hundematerial“

gesprochen, von einer neuen „Frühjahrszuchtkollektion" – womit tatsächlich Welpen gemeint sind ... Bei so etwas schüttle ich den Kopf und frage mich, wie wertschätzend das wohl auf einer Skala von eins bis zehn einzustufen wäre (in der es nicht um Geld geht).

Es gibt psychologische Studien darüber, was es mit Kindern macht, wenn man sie Dicki, Blödi oder Dumpfbacke nennt. Unsere Hunde taufen wir Brutus, Wodka, Sissi oder Zombie, rufen sie Köter, Mistvieh oder dummes Ding – und wundern uns, wenn sie sich entsprechend verhalten.

Ob der kleine Herkules aus dem Beispiel auf Seite 104 sich auch so inbrünstig und zähnefletschend ins Zeug gelegt hätte, wenn er auf den Namen Klaus oder Wölkchen getauft worden wäre? **Namen machen etwas mit uns. Sie beeinflussen uns.** Das findet auch wieder auf der unterbewussten Ebene statt und damit viel stärker, als es auf der bewussten möglich wäre. Denken wir an die Resonanz, die Schwingung, die wir damit anstoßen, wie wir etwas oder jemanden benennen. Drückt der Name Liebe, Wertschätzung, Achtung aus – oder das Gegenteil?

Namen sind mit Eigenschaften belegt, die Sprachwissenschaft spricht von der Konnotation, der Mitbedeutung. Ein Herkules ist stark, ein Held und mutig sowieso. Ein Wölkchen ist all das wohl eher nicht und ein Dicki wird sich schwer tun, abzunehmen, weil er ja permanent gesagt bekommt, wie er zu sein hat: nämlich fett. Sabines Hund Rocko, ein Macho durch und durch, hört seit längerem auf den Namen Max, „und er ist seither wirklich sehr viel netter geworden", freut sich sein Frauchen.

Natürlich ist ein Umtaufen kein alleiniges Allheilmittel: Der Rest muss schon auch stimmen, wie wir von unserer „Pyramidenforschung" am Anfang des Buches wissen. Aber es ist eine nicht zu unterschätzende Zutat im Gesamtpaket. Da sind wir wieder beim „Wie ich in den Hund hineinrufe, so schallt es zurück." Durch eine bewusste Namensgebung können wir also Eigenschaften fördern – gewollte wie ungewollte. Und das gilt selbstverständlich auch für Kosenamen oder im Zorn ausgesprochene Beleidigungen. Sie wirken. Wie unter Hypnose erteilte Kommandos, sich genauso zu verhalten, wie der Name es sagt. Wie self fulfilling prophecies – sich selbst erfüllende Prophezeiungen also.

Bei Kindern ist dieses Phänomen übrigens sehr gut erforscht, nachzulesen beispielsweise bei Steven Biddulph (siehe Literaturtipps hinten im Buch). Also wundern Sie sich nicht, wenn Ihr „Whiskey" einen Leberschaden entwickelt, Ihr „Zombie" bald nur noch im Schneckentempo hinter Ihnen herschleicht oder der „Tolpatsch" wieder irgendwo anstößt ... Ich vermute, Sie fördern durch diese namentliche Zuschreibung das Gegenteil dessen, was Sie erreichen wollten. Und wenn Sie den Namen hundertmal witzig

fanden – bitte beweisen Sie Ihren Humor auf anderem Parkett als bei der Namensgebung Ihrer Hunde (und Kinder).

Kinder reagieren sehr sensibel auf herabsetzende Spitznahmen, selbst wenn diese lustig gemeint sind.

Denken Sie an Ihre eigenen Spitznamen zurück. Fanden Sie selber auch den komisch, über den die anderen am lautesten gelacht hatten? Hat er Ihnen Selbstbewusstsein gegeben oder genommen? Nur so als kleiner Denkanstoß am Rande ...

Ach ja, und wenn wir schon dabei sind: Der Ton macht natürlich auch im Hundeleben die Musik. Unser Tonfall und unsere Lautstärke können von extrem aggressiv bis freundlich und höflich variieren. Wollen wir also lieber jemand sein, der seinen Hund wie bereits erwähnter Feldmarschall zusammenpfeift und voll Härte „zurechtschleifen" möchte, wie auf einem aus der Zeit gefallenen Kasernenhof (und wem sollten Sie damit etwas beweisen?) oder würden Sie nicht selbst auch lieber einer freundlichen Einladung Folge leisten? Ich persönlich zucke jedes Mal zusammen, wenn ich ein herrisches „Hierher!"-Gebrüll höre, zumal Hunde, wie wir alle wissen, überragend gut hören. Welchen Ton wir unseren Hunden gegenüber anschlagen, das hat viel mit unserer Souveränität zu tun, und mit Sozialkompetenz – mit Führungsqualitäten eben. Ein guter Chef brüllt ja auch nicht rum, damit man ihn ernst nimmt – damit würde er eher das Gegenteil erreichen.

Und wenn ich's einfach nicht alleine hinbekomme?

Bei manchen Themen, die uns unsere Hunde aufzeigen, geht es für uns richtig ans Eingemachte. Wenn wir selbst zu dicht an der Leinwand stehen, um das ganze Bild zu erfassen, ist es durchaus sinnvoll, uns Hilfe von außen zu gönnen, gemeinsam einen Schritt zurückzugehen und dann neu hinzuschauen – begleitet von einem gut ausgebildeten Therapeuten. Auch hier kann ich Ihnen nur empfehlen, sich gut zu überlegen, wem Sie Ihr Vertrauen schenken und was der- oder diejenige für eine Qualifikation und Erfahrung hat. Es gibt jede Menge Herangehensweisen, um versteckt wirkende Konflikte auf Seelenebene sichtbar zu machen und zu lösen. Im Folgenden gebe ich ein paar Beispiele gängiger Möglichkeiten.

AUFSTELLUNGSARBEIT

Kurz vorab zur Erklärung: Der Begriff Aufstellung kommt aus der systemischen Beratung und Therapie. Bekannt geworden – und gleichzeitig ein wenig in Verruf geraten – ist diese Arbeit durch Bert Hellinger, einen katholischen Theologen und Familientherapeuten, der die-

ser Methodik seinen ganz eigenen Stempel aufdrückte. Entwickelt hat sie sich vor vielen Jahren aus dem Psychodrama (Jakob Moreno) und der Familienskulptur (Virginia Satir). Unbeteiligte Menschen, symbolhafte Figürchen, sogar beschriftete Zettel werden dabei in Einzelsitzungen oder Gruppenworkshops zu Hilfe genommen, um ein Problem, eine Verstrickung im System bildlich aufzuzeigen. Der Klient wählt aus der Gruppe oder den Gegenständen Stellvertreter, die quasi die Beteiligten an seinem Thema und ihn selbst verkörpern. So kann er von außen betrachten, was geschieht. Durch die Interaktion der Stellvertreter bahnt sich unter Anleitung des Therapeuten in der Folge die Lösung an. So ein System ist beispielsweise eine Familie, es kann aber auch die Arbeitsstätte oder eine Firma sein, um einen Umzug, einen Hausverkauf oder eben einen Hund gehen. Man stellte fest, dass der Effekt dabei weit über ein Rollenspiel hinausgeht – zum einen erleben die Stellvertreter unwillkürlich Emotionen, Impulse, Handlungstendenzen, zum anderen wirkt sich das, was im Raum dieses sogenannten wissenden, morphogenetischen Feldes geschieht, anscheinend direkt auf das „wirkliche Leben“ aus.

Unter fachkundiger Anleitung kann Aufstellungsarbeit zur Lösung eines Problems beitragen.

Auch Lujas Frauchen Nicola suchte Klärung in einer Tieraufstellung, nachdem sich bei ihrer pubertierenden halbstarken Hündin Schwierigkeiten einstellten. *„Die ersten Monate waren komplett unbeschwert, voller Dankbarkeit und Hingabe von uns allen. Mit etwa sieben Monaten fing Luja dann an, am Zaun zu patrouillieren und lautstark zu bellen. Sie war immer gut drauf und es schien, als ob sie sich selbst ein Unterhaltungsprogramm suchte. Teils sprang sie bis auf Schulterhöhe an Menschen hoch, allerdings immer nur an denen, die irgendwie ambivalent zu ihr waren. An schlechten Tagen war ich überzeugt, dass ich ihr durch meine körperliche Schwäche einfach nicht gerecht werden konnte. Ich habe sogar überlegt, ob sie es woanders besser haben könnte, ich wollte ihr doch nur ein schönes*

Leben schenken und empfand mich unfähig, einen Aussie zu erziehen, obwohl sie mein dritter Hund dieser Rasse war. Jetzt, wo ich das schreibe, kommen mir die Tränen. Aus heutiger Sicht bin ich Luja dankbar, dass sie so viel Geduld mit mir hatte und mir meine Schattenseiten aufzeigte. Sie hat mich so lange mit meinen Gefühlen konfrontiert, bis ich es kapiert hatte. Und heute bin ich auf uns beide stolz, das war der allerbeste Weg zu meiner Heilung.

Einerseits haben wir bei einem Aussie-Experten gelernt. Ich habe bei ihm Einzelstunden gebucht und Luja war lammfromm. Damit war es klar, es lag nicht an Luja, sondern deutlich an mir. Doch wie sollte ich ein ‚Leader' werden, wenn ich selbst noch durch mein Leben dümpelte? Dem Trainer sei Dank schaffte ich es, mutig weiterzugehen, ich lernte eine positive Sprache und klare Bilder von dem zu entwickeln, was ich will. Dann bat ich eine Schulfreundin, eine Aufstellung zu dem Thema zu machen, um die versteckten Botschaften zu erkennen. Ich habe in den vielen Jahren, in denen ich mit Aufstellungsarbeit zu tun habe (seit 1997), immer wieder ihre Faszination empfunden. Wer bereit ist, sich als eine Art offenes Gefäß zu sehen, erlebt in diesem Feld auch immer eine gute Botschaft für sich. Deshalb geht jeder kraftvoll und gestärkt daraus hervor, auch wenn die Aufstellung noch lange nachwirkt.

Wir haben in meinem Fall mit Zetteln gearbeitet, die auf den Boden gelegt wurden. Wir hatten sehr erfahrene Stellvertreter zur Verfügung. Auf den Zetteln standen verdeckt das ‚Bellen', die ‚Stille', ‚Luja' und ‚die Kraft, die hier für eine Lösung gebraucht wird'. Ich stand, wie bei einer Aufstellung mit Menschen, zunächst als Beobachterin draußen und konnte mich am Ende selbst auf alle Plätze stellen. Das Verblüffendste war, dass der erste, der auf dem Bellen stand, sofort zu lachen begann, herumsprang und einfach gut drauf war. So ging es auch den anderen auf diesem Platz. Man könnte denken: Natürlich macht dem Hund das Bellen Spaß. Die Lösung wurde schnell klar, als die Kraft deutlicher wurde. Es ging um Lebensfreude! Hier bin ich, hier komme ich, alle sollen sehen, welche Lebensfreude ich besitze und zu geben habe. Mach es auch so!!! Das war Lujas Botschaft!

Meine erste Reaktion ging damals in Richtung Widerspruch: Ich habe doch Lebensfreude! Doch wenn es uns so trifft und wir glauben, uns verteidigen zu müssen, dann ist es wohl genau das Thema, um das es geht. Sagen wir mal so: Mit der Änderung in meinem Leben – meiner Trennung – hatte ich Entlastung geschaffen und ich bin schnell zufriedenzustellen. Doch Luja hat mich erinnert, dass das nur der Anfang ist. So wurde mir noch klarer, dass Luja nur keinen anderen Weg wusste, mir zu vermitteln, dass ich auch endlich jubeln und Lebensfreude zeigen sollte, anstatt mich kraftlos durch die Tage zu schleppen. Aufstellungen zeigen die Dinge, wie sie sind, auch wenn uns das nicht so recht gefallen mag. Ich habe in den diversen Aufstellungen in meinem Leben immer etwas verstanden, auf das ich in tausend Jahren nicht von allein gekommen wäre. Heute, fast drei Jahre nach der beschriebenen Aufstellung, sind wir der Lebensfreude deutlich nähergekommen. Ich habe mein Leben noch einmal komplett geändert. Alles, was ich tue, lasse ich in mir nachklingen, hinterlässt es ein Feelgood-Gefühl, dann mache ich weiter, sonst lasse ich in der Tat die Finger davon. Es dauert einfach. Doch ohne die Botschaft hätte ich bestimmt nicht so konsequent weiter meinen Weg beschritten."

Einen anderen, sehr nachdenklich machenden Fall habe ich an einem Seminarwochenende in meiner eigenen Praxis erlebt. Es ging um einen Retriever namens Georgie, der sich wund kratzte und schulmedizinisch wie alternativ nach allen Regeln der Kunst austherapiert worden war. Georgie kratzte weiter, bis aufs Blut. Warum nur wollte er so verzweifelt aus seiner Haut heraus? Niemand wusste Rat. In unserer Tieraufstellung zeigte sich rasch, dass die Wurzel seines Übels in der Ursprungsfamilie seines Frauchens zu finden war: Die Frau war als Kind jahrelang vom eigenen Vater und dem Onkel missbraucht worden. Georgie zeigte, dass sie trotz vieler Therapien noch nicht damit abgeschlossen hatte, noch immer unterbewusst „aus ihrer Haut heraus" wollte. Das Thema war zwar bearbeitet worden, aber ihren Frieden mit der Vergangenheit zu machen, auch mit sich selbst, gelang meiner Klientin erst jetzt, als sie den Zusammenhang erkannte – als sie sich ihre Wut, die noch immer in ihr brodelte, zugestand und erlaubte: *„Zum aus der Haut fahren, was die mir angetan haben!"* Noch am selben Tag hörte Georgie spontan auf, sich selbst zu zerfleischen – er konnte es fortan in seinem eigenen Fell gut aushalten. Hier ging es um unterdrückte, verdrängte Wut und Verzweiflung, die sich stellvertretend bei dem treuen Retriever durch autoaggressives Verhalten gezeigt hatte.

Zum Aus-der-Haut-Fahren war auch einer Hündin in der Praxis meiner Freundin Marion zumute: *„Die Halterin wollte für ihren Hund im Einzelsetting*

aufstellen. Der Hund, ein aus Rumänien geretteter und mit seinem Frauchen sehr verbundener Vierbeiner, hatte multiple Symptome, die laut Aussage der Tierärztin psychosomatisch zu sein schienen. Immer wieder leckte die Hündin sich die Pfoten regelrecht wund und litt unter starken Durchfällen. Allergien waren ausgeschlossen. Mal war es etwas besser, dann wieder umso schlimmer. In der Aufstellung wurde deutlich, dass die Frau vor lauter Angst nicht allein stehen konnte. Immer wieder rückte die Hündin dicht zu ihr. Als wichtige Kraftquellen wirkten ein verstorbener Bruder und ein Kind aus einer vor Jahren erlittenen Fehlgeburt. Auch hinzugestellte Aspekte wie ‚sinngebende Aufgaben', ‚Ziele' und ‚soziale Kontakte' stärkten die Frau und ließen die Hündin Schritt für Schritt zurücktreten. Die Hündin begann sich umzuschauen und zu spielen, hielt Ausschau nach Artgenossen. Sie blickte jetzt freundlich auf ihr Frauchen, fühlte sich dabei aber gelöst und fröhlich. Ich ermunterte die Dame, die Aufstellung einige Wochen wirken zu lassen und bei Gelegenheit eine Rückmeldung zu geben. Nach circa fünf bis sechs Wochen rief sie an und machte einen Termin für sich aus. Sie hatte erkannt, dass sie im Laufe der Jahre eine regelrechte Sozialphobie entwickelt hatte. Nun wollte sie wieder Kontakte knüpfen und behindernde Ängste überwinden. Der Hündin gehe es sehr gut, berichtete sie, sie habe lediglich noch leichte Durchfälle, wenn ihr Frauchen unter starker psychischer Anspannung stünde."

IMAGINATIONSTHERAPIE

Vor ein paar Wochen kam eine junge Dame zu mir, nennen wir sie Änne. Sie hatte Probleme mit ihrem Collie-Mischling Filou – beziehungsweise er mit ihr. Sie erkannte, dass sie arbeitsbedingt so unter Strom stand, dass sie nicht mal mehr auf dem Hundeplatz wirklich abschalten konnte. Ihr Stress übertrug sich auf den Hund. Filou bekam plötzlich aus unerfindlichen Gründen Rückenprobleme, ein blockiertes Kiefergelenk und entwickelte gerade ein Magengeschwür obendrein. Auf Aufgaben wie Fährtensuche, die ihm früher so viel Spaß gemacht hatten konnte er sich nicht mehr konzentrieren, er wirkte lustlos und ohne Lebensfreude. Oft sah er sie erwartungsvoll an, statt die Spur aufzunehmen und gähnte einfach nur.

Änne fühlte sich hilflos, weil sie nicht wusste, wie sie es hinbekommen sollte, abzuschalten, so dass auch ihr Hund wieder seine Ruhe und Gesundheit finden würde.

Im Gespräch kristallisierte sich schnell heraus, dass es gar nicht um die Mehrbelastung bei der Arbeit ging, sondern vorwiegend um einen Kollegen, den Änne als unehrlich und „Mogelpackung“ empfand. Unaufrichtigkeit, das war ein Thema, bei dem die Funken aus ihren Augen sprühten. Auch auf dem Hundeplatz konnte sie es nicht ertragen, wenn jemand nicht geradeheraus sagte, was er empfand, andere schlecht machte oder wenn nach außen das zerstrittene Vereinsleben schön geredet wurde, wo doch jeder wusste, dass es hinter der Fassade alles andere als rosig zuging. Ich fragte sie, ob sie so eine Situation in anderem Zusammenhang schon erlebt habe und sofort platzte sie heraus: *„Bei meinen Eltern. Als ich neun Jahre alt war, habe ich herausgefunden, dass meine Mutter meinen Vater über Jahre betrogen und uns alle angelogen hat.“* Als sie den Vater damals mit den gefundenen Indizien konfrontiert hatte, stellte sich heraus, dass eine Woche zuvor bereits ein klärendes Gespräch zwischen den Ehepartnern stattgefunden hatte. Die Trennung empfand meine Klientin dabei gar nicht als besonders schlimm – aber die Unehrlichkeit!

Nachdem wir herausgefunden hatten, dass Änne insgeheim nicht nur auf die Mutter, sondern auch auf den Vater wütend gewesen war (der so blind und naiv, wie sie ihn empfand, kein guter Beschützer für ein kleines, von Verlustängsten geplagtes Mädchen zu sein schien), erkannte sie, dass die Lage im Büro und auf dem Hundeplatz letztlich nur eine Wiederholung der Situation von damals darstellte: Prangerte Änne Missstände an, statt sie unter den Teppich zu kehren, wurde sie zum Buhmann. Statt ihrer Kompetenz fiel ihre „freche Klappe“ unangenehm auf und der Kollege stand gut da, während sie schlaflose Nächte, Magenprobleme und Verspannungen hatte – genau wie ihr Hund. *„Also soll man dann lieber unehrlich sein? Das geht ja gar nicht!“*

Erinnern wir uns an die Spiegelgesetze: Was uns am anderen am meisten stört, ist ein (gut versteckter) Anteil in uns selbst. Ich versetzte Änne zurück in die Situation des neunjährigen Mädchens und bat sie, sich emotional in die Mutter einzufühlen.

Hatte sie ihrer Tochter durch das langjährig gehütete Geheimnis schaden wollen? Überrascht stellte die Tochter fest, dass die Mutter in Wahrheit versucht hatte, die Familie zu schützen, indem sie die Fassade aufrecht erhalten hatte, und es nicht ihr Ziel gewesen war, das Kind böswillig anzulügen. Hätte sie Fakten geschaffen und ihrer Liebe den Vorzug gegeben, wäre die glückliche Kindheit der Tochter ganz anders verlaufen. Änne erkannte zum ersten Mal auch die Ängste von beiden Eltern vor der Konfrontation – und dass sie selbst „hintenrum" gehandelt hatte, indem sie mit dem Fund zum Vater gerannt war, der darüber hinaus bereits alles wusste, statt die Mutter direkt damit zu konfrontieren. Das neunjährige Mädchen verzieh sich nicht, dass es nun eine „Petze" war und damit im selben Boot saß wie die Eltern, die so „falsch" gehandelt hatten. Sie verdrängte das Ganze über die Jahre so erfolgreich, dass die erwachsene Änne zum wütenden Kreuzritter gegen jedwede Unehrlichkeit geworden war. Bauchschmerzen und Stress entstanden durch den inneren Konflikt aus der erlebten Erfahrung: „Wenn man die Wahrheit sagt, wenn die Fassade gesprengt wird, droht Verlust, dann wird man verlassen." Änne erkannte im Verlauf unserer Sitzung, dass sie im schönredenden Kollegen ebenso wie im Hundeverein letztlich immer wieder ihren Eltern begegnet war, was ihr einen Klumpen im Bauch verursacht hatte. Nachdem sie sich in der Altersrückversetzung mit den Eltern ausgesöhnt hatte, fühlte sie sich erleichtert und befreit. Eine Zentnerlast war von ihren Schultern genommen. Im Verlauf einer Woche hörten die Rückenschmerzen ebenso auf wie der Druck in der Magengegend. Erstaunt schrieb sie mir, dass der Kollege plötzlich wie ausgewechselt schien. Das für sie Wichtigste von allem war aber, dass Filou wieder ganz der Alte war – schmerzfrei, mit Spaß bei der Nasenarbeit und hochkonzentriert beim Mantrailing, wo beide wieder richtig gut abschalten konnten. Filous Gähnen nahm sie künftig für sich als Aufforderung, entspannt zu bleiben und lockerer zu werden. Und ist Ihnen noch etwas aufgefallen, den Hundenamen betreffend? Schlagen Sie mal nach, was „Filou" bedeutet: ein Schlingel, Schlawiner oder Schlitzohr, ein charmanter Gauner, dem es gelingt, andere durch seine Schläue zu übervorteilen ...

KINESIOLOGIE

Diese Arbeitsweise macht sich das Stressverhalten unseres Körpers zunutze. Unter Anspannung ziehen sich Muskelfasern zusammen. Sind wir entspannt, bleiben wir locker. Stellt der testende Therapeut dem Klienten Fragen, kann er gleichzeitig die Muskelspannung prüfen und so Antworten erhalten. Es gibt diverse Schulen und Techniken, die mit diesem Muskeltest arbeiten, um eine Stressreduktion herbeizuführen – teils bis weit in die Seelenebene hinein.

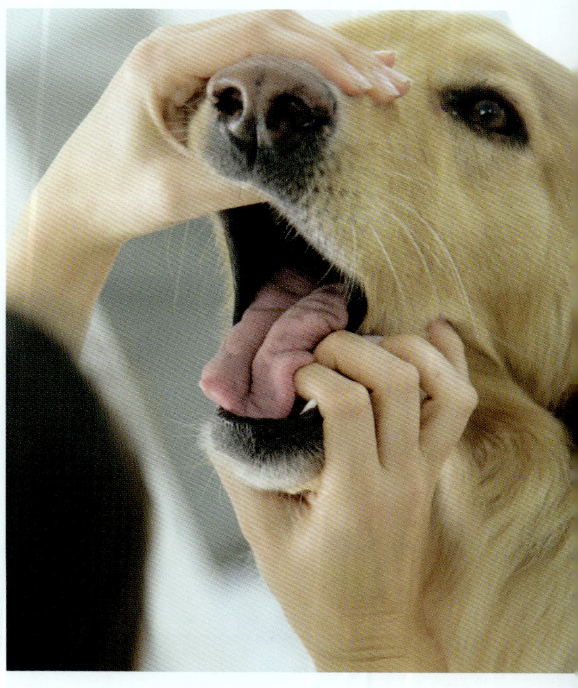

Meine Kollegin Marion, eine begnadete Kinesiologin, die mit den Three-in-One-Concepts® arbeitet, erlebte in ihrer Praxis eine ganz außergewöhnliche Geschichte zum Thema Resonanzen. Auch hier verstand niemand die Symptome des Hundes, beziehungsweise wären sie glatt übersehen worden, wenn nicht ... aber lesen Sie selbst: *„Es ist jetzt etwa drei Jahre her. Eine Klientin kam mit anhaltenden Zahnschmerzen ohne Befund in meine Praxis. Der Zahnarzt hatte den Zahn und auch die Nachbarzähne geröntgt, doch es war nichts zu finden. In der kinesiologischen Balance zeigte der Zahn uns einen hohen Stresslevel und wir erhielten die Erlaubnis, an dem Thema zu arbeiten. Alle Gewahrseinsebenen und alle fünf Körper zeigten die Bereitschaft an, von der kinesiologischen Sitzung profitieren zu wollen. Trotzdem meinte die Klientin im weiteren Verlauf, dass die Ergebnisse nicht zu ihr passen würden. Wir testeten, ob das Thema wirklich zu 100 Prozent ihr Thema war. Der Muskel antwortete, dass es zu 100 Prozent n i c h t ihr Thema war. Das ist ungewöhnlich, da wir zwar oftmals mit den Themen nahe stehender Menschen verstrickt sind, aber dennoch zumindest ein Teil eines solchen Themas zum eigenen Thema wird.*

Wir testeten also, wem das Thema dann gehörte: Vater, Mutter, Geschwister, Chef, Freundin und so weiter, aber der Muskel reagierte nicht. Bis die Klientin eher scherzhaft sagte: ‚Dann gehört es wohl meinem Hund.' Und schwupps rastete der Muskel ein. Da wir den Stress nicht weiter lösen konnten und sich das menschliche Gebiss nicht eins zu eins auf den Hund übertragen lässt, bekam der Tierarzt die Anweisung, den zweiten Quadranten des Hundekiefers näher unter die Lupe zu nehmen. Der Tierarzt fand am Zahn-

fleisch, klein und innen dicht am Zahnhals gelegen, ein malignes Melanom. Solche Melanome haben eine schlechte Prognose, da sie häufig sehr spät entdeckt werden. Dieses Melanom jedoch konnte nun so rechtzeitig entfernt werden, dass der Hund zumindest heute – nach drei Jahren – noch am Leben ist. Und – tadahhh! – die Zahnschmerzen der Klientin blieben fortan verschwunden."

Auch in meiner Arbeit begegne ich solchen „umgekehrten" Übertragungen immer mal wieder – ich nehme körperlich einen Schmerz, ein Unwohlsein wahr und in dem Augenblick, in dem ich mich wundere, weil ich mich bis eben noch fit gefühlt habe, und mich umschaue, sehe ich quasi schon den vierbeinigen Urheber winken, der sich einfach nicht anders zu helfen wusste, als mir diese Körperwahrnehmung über mein Resonanzfeld zu übertragen.

Sobald ich es zuordnen kann und verstanden habe, hört so ein Gefühl auf. Dann hat die Botschaft ihren Zweck erfüllt. Hier spiegeln uns unsere Tiere nicht, um uns etwas aufzuzeigen, sondern nutzen sozusagen denselben Leitungsweg, um auf sich aufmerksam zu machen. Die Natur ist clever!

Tja, was soll ich groß drum herum schreiben? Nachdem Sie bis hierher gelesen haben, ahnen Sie es längst. Der Schlüssel zum Hundeglück steckt natürlich. Sie brauchen ihn nur noch umzudrehen. Wie Sie das schaffen? Das haben Sie sich bereits ziemlich weit vorn in diesem Buch selbst als Hausaufgabe gestellt – als Teilziel auf Ihrem Weg. Sie erinnern sich? Lesen Sie nach, was Sie sich auf Ihrer To-Do-Liste auf Seite 17 notiert haben. Es folgten weitere Denkanstöße und

Der Schlüssel zum Hundeglück

Das Schwierigste ist, was man zurücklassen soll. Es ist Zeit, loszulassen.

A. A. Milne, Pu der Bär

Aufgaben, die Sie aufmerksam gemacht haben, den Blickwinkel ändern ließen. Da waren Beispiele, die Sie vielleicht ins Grübeln gebracht oder berührt haben ... all das sind Schritte, die wir bereits zusammen gegangen sind.

Wege führen uns bergauf, bergab, um Kurven herum, und manchmal gilt es, Hindernisse zu überwinden. Da sind Schlaglöcher, Gräben, Stolpersteine, Flüsse ... und es gibt auch Brücken, mitunter sogar goldene.

Unsere Hunde sind dankbare, meist sehr geduldige Wegbegleiter. Und wenn wir unsere Hausaufgaben machen, schauen sie sich dies ganz genauso von uns ab wie alles andere. **Wenn es uns ge-**

lingt, jeden Tag ein Stückchen kongruenter zu leben, uns also nicht im Hadern darüber zu verfangen, was schon wieder alles nicht geklappt hat, sondern wenn wir das annehmen, was ist – dann haben wir das Wichtigste verstanden.

Schreiben Sie sich abends auf, was am Tag gut geklappt hat. Lenken Sie bewusst Ihren Fokus auf das Schöne. Beginnen Sie ein Tagebuch der positiven Erlebnisse und Erinnerungen! Notieren Sie, worüber Sie herzlich gelacht haben, sei es mit Ihrem Hund zusammen, alleine oder in Gesellschaft anderer Menschen. Unser Humor hat eine enorme Heilkraft.

Ich habe auf meinem Schreibtisch ein Marmeladenglas stehen, das ich über´s Jahr mit kleinen Zetteln fülle. Darauf notiere ich, was ich Schönes erlebt habe, worüber ich mich gefreut habe. Wenn ich das Glas am Silvesterabend öffne, freue ich mich ein drittes Mal, während ich die schönen Erlebnisse des Jahres noch einmal vorüberziehen lasse.

Nicht nur die grauen Zellen unserer Hunde, auch unser eigenes Gehirn lernt durch Wiederholung und positive Verstärkung. Unsere inneren Konflikte dagegen zermürben nicht nur uns selbst und machen uns auf Dauer krank, sondern auch die uns Anvertrauten, egal ob sie zwei oder vier Beine haben.

Also, raus aus der Bewertung! Hören Sie auf zu sagen: „Das ist aber schwer!" Oder: „Das sagt sich so leicht.", „Die hat leicht reden.", „Wenn sie wüsste, was *mir* Schlimmes passiert ist ..."

Erste Schritte kosten meist Überwindung. Aber vielleicht ist schon das damit gemeint, dass der Weg das Ziel ist:

Es tun.
Anfangen.
Mit dem ersten Schritt.

Erlauben Sie sich, dass es einfach sein darf. Erinnern Sie sich an das, was Pu den Bären zum Meister macht: Wenn etwas nicht klappt, haben wir uns zu sehr angestrengt. **Es darf leicht sein!** Wir dürfen Spaß haben. Wir können locker bleiben und wir sollten nicht zu hohe Ansprüche an uns selbst stellen!

Unsere komplette Wirklichkeit ist subjektiv. Wir entscheiden jede Minute aufs Neue, ob wir in unserem hausgebackenen Drama verharren wollen oder ob wir einen Schritt zurücktreten und das Ganze wie auf einer inneren Kinoleinwand mit etwas Abstand betrachten. Es einfach nur wahrnehmen, ohne zu bewerten: „Aha, so

ist das also gerade ... so fühlt es sich an.“ Probieren Sie es aus, Sie werden feststellen, dass das Leben dadurch tatsächlich leichter wird. **Treffen Sie eine Entscheidung: Wollen Sie das Drama behalten oder lassen Sie sich auf ein neues Abenteuer ein? Ändern Sie Ihre Einstellung!**

Während ich die Erstausgabe dieses Buches geschrieben habe, wurde meine Hündin Lillepuss sehr schwer krank. Phasenweise bin ich in dieser Situation schier verzweifelt, habe alle Experten zu Rate gezogen, die ich kenne (und glauben Sie mir, ich kenne eine Menge wirklich guter Leute, wofür ich zutiefst dankbar bin!). Aber nichts schien zu helfen, egal auf welcher Ebene wir gearbeitet, gekämpft, behandelt, gebetet haben ... Natürlich habe ich mich bei Gedanken erwischt wie: „Nicht das auch noch!“, oder „Warum gerade jetzt?“, und „Was um Himmels Willen soll es mir sagen?“ Und dann hat es „klick“ gemacht und ich habe mich entspannt, weil ich ohnehin nicht ändern kann, was geschehen soll. Wir sind mächtig, aber nicht allmächtig, pflegt ein lieber Freund von mir zu sagen. Und das ist sehr gut so.

Ich habe mich gefragt, was denn das Schlimmste ist, was passieren kann – dass mein Hund stirbt natürlich. Nun, dieser Tag wird für jeden von uns unweigerlich kommen, wir haben alle keine Ahnung, wann es soweit ist.

„Eines Tages werden wir alle sterben“, fürchtet sich auch Pu der Bär an einer Stelle. Und ausgerechnet Piglet antwortet ihm: „Ja, aber an allen anderen Tagen nicht.“

Für mich bedeutet Sterben letztlich nach Hause zu gehen. Daran glaube ich ganz fest – und auf Zuhause freuen wir uns doch alle. Wer bin ich also, dass ich einen solchen Prozess verhindern oder aufhalten wollte? Was wäre ich für ein Freund? Möchte ich selbst aufgehalten werden, wenn ich mich auf diese Reise mache? Ich habe also abgegeben, losgelassen, auch wenn es mir schwerfiel. Und auf einmal wurde alles so viel leichter. Das heißt nicht, dass ich die Behandlungen abgebrochen hätte, nein, natürlich nicht! Aber ich habe meine innere Einstellung verändert – sozusagen dem Schöpfer das Schöpfen erlaubt (wie vermessen ist das denn?). *Nicht mein Wille, sondern dein Wille geschehe.*

Meine Verbissenheit war wie weggeblasen, meine Verzweiflung, mein Hadern. Wir haben einen guten Kampf gekämpft. Und irgendwann haben wir das Schlachtfeld verlassen. Lilepuss ist gestorben. Rückblickend ist es erstaunlich, wie lange sie durchgehalten hat. Für mich? Sicher auch für mich!

Ich habe bestimmt noch nicht alles verstanden. Doch ich habe mein Versprechen gehalten. Ich habe sie nach Hause gebracht. Und ich war bei ihr, bis ihre Seele sich vollständig vom Körper gelöst hatte.

Etwa drei Monate später verbrachte ich mit meiner Tochter Zeit auf Kreta. Wir halfen in einer Tierauffangstation mit, kurze Zeit nach einer großangelegten Kastrationsaktion. Ich fühlte mich noch nicht bereit für einen anderen Hund in meinem Leben, aber ich wollte mich auch nicht verkriechen. Also haben wir Tierheimkäfige geschrubbt, verwaiste Welpen entfloht, gefüttert, gepflegt, ein bisschen Grunderziehung geübt und Spaziergänge unternommen. Ein gewisser Wildfang namens Thera (griechisch für *Die Wilde*), knapp dem Schicksal entgangen in den Bergen zum Sterben ausgesetzt zu werden, drängte sich ständig in unseren Fokus. Sie setzte alles daran, unsere Aufmerksamkeit zu erlangen, wirklich alles, bis ich mich dazu durchrang, uns als kurzzeitige Pflegestelle für sie anzubieten. Unsere Tierärztin hat schallend über meine absurde Idee gelacht ... Raten Sie, wer neben mir liegt, während ich zur Minute, fünf Jahre später, diese Zeilen schreibe – und wer ungefähr zu der Zeit geboren wurde, als Lillepuss damals ging? Heute heißt sie übrigens Terra (die Erde).

Es ging und geht um Vertrauen – in jeder Situation, auch und besonders, wenn wir als Prüfung erleben, was uns begegnet.

Haben wir Vertrauen,
... dass es gut wird – egal wie es ausgeht.
... dass es gut ist – so wie es ist.
... dass wir das Unsere dazutun – mit allem, was uns zur Verfügung steht, aber auch Raum lassen, Luft nach oben. Denn ohne die geht es nicht.
... dass wir auf einem guten Weg sind.

Meine Überzeugung ist, dass alles einen Sinn ergibt, was uns begegnet. Und im Nachhinein erkennen wir ihn sogar manchmal. Mir hilft das immer – ich muss mich nur daran erinnern, auch und besonders in den haarigen Momenten.

Meine Faustregel hat fünf Finger: Und wenn Sie jetzt einwenden, eine Faust habe gar keine Finger – stimmt genau, das ist für mich ja gerade das Sinnbild dahinter: Ich muss meine Faust erst öffnen. Das ist die Wahl, die ich habe, die Entscheidung, die ich treffe.

Und dann kann ich

achtsam sein
wahrnehmen
annehmen und abgeben
verzeihen (auch mir selbst)
dankbar sein

... und wahre Wunder beobachten.

Und Sie können das auch.

Nur eins noch: Wenn also mein Hund Gefühle hat, die er mir mitteilen möchte, Wünsche anmeldet, Bedürfnisse äußert, mir einen Spiegel hinhält, womöglich gar zum Co-Therapeuten wird, für mich Symptome trägt oder seine ganz eigenen Themen mit sich herumschleppt – wenn er mich durch sein Tun weiterbringt und ich bereit bin, hinzuhören: Was bedeutet das schlussfolgernd für den Umgang mit allen Tieren?

Es fordert mich in meinem Menschsein, in meiner Konsequenz, meiner Kongruenz und Authentizität. Wenn ich mich darauf einlasse, kann es mein Leben unendlich bereichern. Albert Schweitzer sagte einst: *„Viele Menschen wissen, dass sie unglücklich sind. Aber noch mehr Menschen wissen nicht, dass sie glücklich sind."*

Ist Ihr Hund glücklich?
Seien Sie es!
Fangen Sie jetzt damit an!

Viel Freude dabei!
Ihre Karin Müller

Das letzte Wort gehört noch einmal Pu dem Bären:

Falls es jemals ein
Morgen gibt, an dem wir
nicht zusammen sind,
gibt es etwas, das Du
Dir immer merken musst.
Du bist tapferer,
als Du glaubst,
stärker, als Du denkst.
Aber das Allerwichtigste
ist, auch wenn wir
voneinander getrennt sind,
ich werde immer
bei Dir sein.

A. A. Milne, Pu der Bär

Über die Autorin

Karin Müller ist Buchautorin, Heilpraktikerin für Psychotherapie und eine der bekanntesten Tierdolmetscherinnen im deutschsprachigen Raum. Seit vielen Jahren gibt sie Seminare und begleitet menschliche wie tierische Klienten auf der Basis Systemischer Therapie, verknüpft mit energetischen Heilweisen.
Sie lebt mit ihrer Familie, zu der natürlich auch Hund, Katzen und Hühner gehören, ländlich im Raum Hannover.
Informationen über ihre Kurse und ihre weitere Arbeit finden Sie unter:
www.karin-mueller.com

zum Weiterlesen …

- Biddulph, Steven: Das Geheimnis glücklicher Kinder, München, Heyne, 2011
- Disney: Die vielen Abenteuer von Winnie Puuh – Special Collection, Walt Disney Home Entertainment, DVD, 2002
- Disney: Winnie Puuh auf großer Reise, Walt Disney Home Entertainment, DVD, 1999
- Furman, Ben: Es ist nie zu spät, eine glückliche Kindheit zu haben, 6. Auflage, Borgmann, Dortmund, 2013
- Grimm, Hans-Ulrich: Katzen würden Mäuse kaufen – Schwarzbuch Tierfutter, München, Heyne, 2009
- Hallgren, Anders: Der Schlüssel zum (Hunde)Glück, animal learn Verlag, Bernau, 2017
- Hoff, Benjamin: Tao Te Puh, Synthesis Verlag, Essen, 1984
- Hoff, Benjamin: Pu der Bär, Ferkel und die Tugend des Nichtstuns, dtv, 1999
- Menzel, Stefanie: Mit der Welt in Resonanz – Das Spiegelprinzip im täglichen Leben, Schirner, 2011
- Milne, Alan A.: Pu der Bär. Gesamtausgabe, Neuausgabe, Dressler, 2009
- Müller, Karin: Gespräche mit Hunden – Erstaunliche Erfahrungen mit dem sechsten Sinn, Stuttgart, Kosmos, 2007
- Riepe, Thomas/ Schar, Kathrin: Hunde halten mit Bauchgefühl, Cadmos, Schwarzenbek, 2014
- Riepe, Thomas: Herz, Hirn, Hund, animal learn Verlag, Bernau, 2012
- Schweitzer, Albert: Ehrfurcht vor dem Leben, 9. Auflage, Verlag C.H. Beck, München, 2008
- Schweitzer, Albert: Ehrfurcht vor den Tieren, Verlag C.H.Beck, München, 2006
- Sheldrake, Rupert: Das schöpferische Universum – die Theorie des morphogenetischen Feldes, aktualisierte Neuausgabe, Ullstein, 2009
- Sheldrake, Rupert: Der siebte Sinn der Tiere, 4. Auflage, Fischer Taschenbuch, 2009
- Vicente, Mark: What the Bleep do we (k)now, Horizon Film (Alive), Einzeldvd, 2006
- Vicente, Mark: Bleep – down the rabbit hole, Quantum Edition, Horizon Film (Alive), 4 Dvds, 2007

zum Weiterlesen ...

Mit einem Vorwort von Dorit Feddersen-Petersen!

MENSCH-HUND PSYCHOLOGIE

Wie Mensch und Hund miteinander leben und sich gegenseitig beeinflussen

Jörg Tschentscher

Hunde begleiten den Menschen seit Tausenden von Jahren, haben sich seinem Leben angepasst, sind zu seinem Begleiter in fast allen Lebenslagen geworden. Und auch der Mensch hat sich durch dieses Zusammenleben verändert, einige Forscher gehen davon aus, dass seine Entwicklung anders verlaufen wäre, hätte es nicht den Hund an seiner Seite gegeben. So aufeinander eingestellt, kommt es zur gegenseitigen Beeinflussung durch Stimmungsübertragung, Gedanken und Gefühle – oftmals, ohne dass dies dem Menschen bewusst ist. Wie wirken sich der Lebensstil, der Charakter und die gelebten Wertvorstellungen eines Menschen auf das Zusammenleben mit seinem Hund aus? Wie stark verändert sich eine Situation, die Beziehung zwischen Mensch und Hund oder die an den Hund gestellten Erwartungen durch dessen Verhalten? Und wie können wir diese gegenseitige Beeinflussung nutzen, um zum Beispiel Erziehungsziele effizienter zu erreichen?

Diesen und vielen weiteren Fragen ist Jörg Tschentscher nachgegangen und lässt nun den Leser an den Erkenntnissen, die er über Jahre gewonnen hat, teilhaben.

Softcover, 96 Seiten, mit zahlreichen farbigen Abbildungen, ISBN: 978-3-936188-50-9

GLÜCKSMOMENTE

Vier Pfoten und zwei Beine auf der Suche nach dem Glück

Jörg Tschentscher, Clarissa v. Reinhardt
mit einem Vorwort von Marc Bekoff

„Ich denke, dass der Sinn des Lebens darin besteht, glücklich zu sein." Dieses Zitat stammt von seiner Heiligkeit, dem 14. Dalai Lama und wahrscheinlich dachte er an Menschen, als er es aussprach. Aber was ist mit den Tieren? Haben nicht auch sie ein Recht darauf, glücklich zu sein? Streben sie danach und wie sieht Glück für sie aus? Und was können wir tun, um sie glücklich zu machen? Während sich das manch ambitionierter Hundehalter fragt, gibt es bis heute Wissenschaftler, religiöse Führer und Philosophen, die Tieren die Fähigkeit, glücklich zu sein entweder gänzlich absprechen oder auf die Erfüllung von Fress- und Laufbedürfnis, das Spiel mit Artgenossen und die freundliche Fürsorge durch ihr Herrchen oder Frauchen beschränken. All diese Dinge sind sicher ein guter Beitrag, aber lässt sich das Glück von Tieren wirklich auf so wenig reduzieren? Hat nicht auch ein Hund das Bedürfnis nach Erfüllung und persönlicher Freiheit, nach Zufriedenheit im Hier und Jetzt, was zumindest beim Menschen als Mindestvoraussetzung gilt, um Glück empfinden zu können?

Jörg Tschentscher und Clarissa v. Reinhardt gehen diesen spannenden Fragen nach und geben dabei ganz praktische Tipps, wie Mensch und Hund sowohl zum individuellen als auch zum gemeinsamen Glück finden.

Softcover mit Klappen, 87 Seiten, mit zahlreichen farbigen Abbildungen/ Fotos, ISBN 978-3-936188-59-2

Mit einem Vorwort von Marc Bekoff!

Aus dem Inhalt:

- Die Biologie des Glücks
- Wie empfinden Hunde Glück und wie erkennen wir das?
- Was können wir tun, um unseren Hund glücklich zu machen?
- Die größten Irrtümer darüber, was Hunde angeblich glücklich macht
- Machen Hunde uns glücklich?
- Wie finden Mensch und Hund das gemeinsame Glück?